U0145021

智慧財產專業人員系列叢書02

醫藥專利訴訟之攻防戰略

Tactics for Pharmaceutical Patent Litigation

林怡芳、蘇佑倫、蔡昀廷 著

FORMOSAN BROTHERS
寰瀛法律事務所

TIPA
智慧財產培訓學院
TAIWAN INTELLECTUAL PROPERTY TRAINING ACADEMY
| 編 印

智慧財產專業人員系列叢書

序

國立臺灣大學法律學院科際整合法律學研究所於2005年5月間受經濟部智慧財產局委託設立「智慧財產培訓學院」，邀請國內智慧財產領域專家編撰專業教材，自2006年4月起出版統一教材，供培訓單位開班授課之用。由於培訓單位及授課教師的用心協助，本培訓學院的培訓課程獲得廣大迴響。於此，本培訓學院特別向提供寶貴意見的學者專家及參與人士，謹致萬分謝意。

國內智慧財產權議題不斷更新，探尋學理依據及實務上問題解決方式及對策，日漸重要。又為配合國內科技環境發展及因應國際規範變化，我國智慧財產相關法令規定迭經修訂。為使本培訓學院出版的專業書籍與現行規定相調和及充實課程內容，本學院於2021年開始籌劃出版「智慧財產專業人員系列叢書」。

本系列叢書希冀就智慧財產之理論與實務深化探討，一部分叢書係就現有叢書經由評估後，增訂內容改版而成；另一部分為因應智慧財產新興議題，進行新書撰寫，以求深化智慧財產相關理論研究、更新法令規範，補充現代案例，並配合國際最新發展趨勢，期使整體叢書更臻完善周全。謹此，感謝各叢書編撰人不辭辛勞，擔任增修與撰寫重任。

本年度之部分增修與新書撰寫工作，如有不周或疏漏之處，懇請各界不吝批評指教，以作爲本系列叢書出版修訂之參考。

智慧財產培訓學院 謹誌

2022年10月

目　錄

壹、引言

爲了促進臺灣產業的升級與轉型，政府自 2017 年提出 5+2 產業創新計畫，致力推動生技醫藥、亞洲・矽谷、綠能科技、智慧機械、國防、循環經濟及新農業等相關產業，作爲驅動臺灣下一世代產業轉型的核心[1]。其中，在生技醫藥方面已陸續展現成果，例如截至 2022 年 7 月，臺灣新藥於國際取得上市許可已有 28 項，國家生技研究園區及新竹生醫園區等相關產業創新聚落亦已完成建構[2]；2021 年起，更逐步推動將既有生技醫藥產業導入數位及科技等元素，進一步提升國際競爭力[3]。

作爲生技醫藥產業的一環，臺灣製藥產業近年積極拓展國內外市場，營業額、廠商家數、從業人員、市場需求等均不斷提升[4]；2021 年臺灣製藥產業營業額更達 917 億元，相較 2020 年成長 3%[5]。由此可見，醫藥產業在臺灣已扮演一定程度的重要性，而法律上的相關權利保護更日獲重視。

詳言之，由於藥品深深影響人類健康，故有必要透過臨床

---

[1] 國家發展委員會，協調推動產業創新計畫，https://www.ndc.gov.tw/Content_List.aspx?n=9D024A4424DC36B9（最後瀏覽日：2022 年 5 月 14 日）。

[2] 行政院，重要施政成果，產業創新—生醫產業，https://www.ey.gov.tw/achievement/3906C00A86AC287C（最後瀏覽日：2022 年 9 月 2 日）。

[3] 生醫產業創新推動方案，https://biiptaiwan.org.tw/#about01（最後瀏覽日：2022 年 5 月 14 日）。

[4] 經濟部工業局，2022 生技產業白皮書，頁 84，https://www.biopharm.org.tw/images/2022/2022Biotechnology-Industry-in-Taiwan.pdf（最後瀏覽日：2022 年 9 月 21 日）。

[5] 同前註，頁 82。

試驗確認藥品對於人體的療效及安全性；爲此，臨床試驗需歷經相當嚴謹且漫長的四期試驗，期間更仰賴大量人力及經費等資源投注：

- 第一期：透過較小族群的受試者，評估藥品安全性、給藥途徑、劑量等；
- 第二期：將受試者擴大至約數百人的病患，持續評估藥品安全性，另著手評估藥品療效；
- 第三期：進一步將受試者擴大至數千人的病患，藉由治療組及對照組的比較，確認藥品有效性；同時監測藥品有無嚴重副作用，並蒐集藥品安全性資料；及
- 第四期：藥品經主管機關核准上市後，持續以更長的時間及更大的族群，評估藥品安全性及療效[6]。

前副總統陳建仁即曾指出，每一個上市新藥的平均開發經費爲 25.6 億美元，耗時需 12 年至 15 年，且失敗風險很高；一個成功上市的新藥，背後是九個新藥在臨床試驗階段失敗而遭淘汰，且早期研發更可能會淘汰數百個至數千個具有潛力的藥物，可見新藥研發是漫長且高風險的產業[7]。

因此，爲促進醫療科技的研發，避免相關研發成果遭輕易剽竊，透過專利權的保護，劃定一定期間的排他權，使從事

---

[6] WHO, WIPO & WTO, *Promoting Access to Medical Technologies and Innovation: Intersections between public health, intellectual property and trade (second edition)* 54 (2020), https://www.wto.org/english/res_e/booksp_e/who-wipo-wto-2020_e.pdf (last visited May 14, 2022).

[7] 中華民國總統府，副總統出席「生技醫藥國家型科技計畫」總期程成果發表會，https://www.president.gov.tw/NEWS/21175（最後瀏覽日：2022 年 5 月 14 日）。

研發者可以在該期間內，禁止他人實施相關研發成果，藉此在市場上取得競爭優勢，以回收研發成本，再繼續進行研發，如此對於醫藥產業至關重要；甚者，專利權在實務上更是醫藥技術合作的重要媒介，事業間透過專利權的授權或讓與，得以擴散相關新興技術，提供廣大民衆先進的治療方式[8]。依據WIPO統計資料，2000年至2019年間依專利合作條約（Patent Cooperation Treaty, PCT）提出的申請案中，相較電機、電腦及數位通訊等產業領域，醫療技術及藥品領域的專利件數最多，且逐年成長[9]，可見醫藥產業界對於專利權的重視。

不過，專利權等智慧財產權的價值，往往體現於有效的權利行使制度[10]；換言之，權利人發現有未經同意或授權之專利技術實施行爲時，應需能夠請求法院禁止該等行爲，透過公權力之介入，禁止損害繼續發生，並塡補專利權人之損害，此時專利權之保護始有意義。

然而，另一方面，專利權之保護與藥品近用如何取得平衡，進而落實公共衛生的價值，近年在國際間亦有諸多討論。詳言之，學名藥因投入試驗之成本相較低廉，藥價亦因此較爲親民，進而降低病患之治療負擔，對於公共衛生而言，亦具重要性；惟倘若學名藥擅自實施新藥之專利技術，導致新藥之研發投入無從回收，甚而影響其後之研究開發活動，以致新藥研發之趨緩，對於病患而言自亦非福音。

---

[8] WHO, WIPO & WTO, *supra* note 6, at 66.

[9] *Id.* at 78-79.

[10] *Id.* at 89.

本書將從法律訴訟進行的角度，分別就原告專利權人及被告學名藥藥商之不同立場，透過相關實務案例，介紹醫藥專利訴訟中雙方之攻防戰略。

貳、儲備武器

案例

原告的專利請求項爲「一種用於治療β-穀甾醇血症之醫藥組合物，其包含有效量之式（VIII）表示之固醇吸收抑制劑、或該固醇吸收抑制劑之醫藥可接受鹽或溶劑合物、或其混合物，於醫藥可接受載劑中」。

被控侵權藥品爲一種用於治療「高膽固醇血症」的醫藥組成物，活性成分包括 Ezetimibe。

Ezetimibe 的化學結構與專利請求項的式（VIII）完全相同，且被控侵權藥品也包括醫藥上可接受的載劑。亦即，專利請求項與被控藥品的唯一差別在於「用途」，前者是用於治療「β-穀甾醇血症」，後者是用於治療「高膽固醇血症」。

在智慧商業法院[1]109 年度民專訴字第 46 號民事判決中，法官由專利說明書的內容，以及被控侵權藥品的仿單記載，認定在此技術領域中具有通常知識者，可清楚區隔「β-穀甾醇血症」病理成因及臨床表徵（如：血漿中升高之植物固醇濃度）與「高膽固醇血症」皆不相同，且被控侵權藥品仿單所引用的試驗已排除「β-穀甾醇血症」，因此最終判定「高膽固醇血症」之適應症顯與「β-穀甾醇血症」不同，故被控侵權藥品並未落入專利請求項之範圍中。

---

[1] 智慧財產法院於 2020 年 7 月 1 日將商業法院併入，更名爲「智慧財產及商業法院」，簡稱爲「智慧商業法院」。本文將統一用智慧商業法院來代表智慧財產法院或智慧財產及商業法院。

不過，在解釋醫藥組合物的專利請求項範圍時，是否要將「用途」限制納入考量，其實是有一段演進的過程。

本章節將先介紹利用專利來保護醫藥品的常見做法，最後再來說明醫藥用途專利的演變過程。

利用專利保護發明，首先要瞭解專利法的規定。依照專利法第 58 條，發明專利權人，專有排除他人未經專利權人同意而實施該發明之權。何謂「實施」，在「物之發明」是指：

1. 製造。
2. 爲販賣之要約。
3. 販賣。
4. 使用。
5. 爲上述目的而進口該物之行爲。

在「方法發明」是指：

1. 使用該方法。
2. 使用、爲販賣之要約、販賣或爲上述目的而進口該方法直接製成之物。

由上述規定可知，專利法將發明區分爲「物之發明」及「方法發明」兩種，因此，界定專利範圍最重要的「申請專利範圍」或「專利請求項」，也就會區分爲「物之請求項」及「方法請求項」。

一、如何利用專利保護醫藥發明

在醫藥發明相關領域，「物之請求項」可包括活性化合物、活性化合物的各種異構物及不同晶型，以及包含活性化合物的醫藥組成物、劑型、套組等。「方法請求項」可包括活性化合物、醫藥組成物或劑型的製備方法，以及醫藥組成物或劑型的「醫藥用途」。

隨著藥品研發及開發的進程，除了藥品的活性化合物外，通常也會衍生出不同異構物、晶型、醫藥組成物、劑型或第二醫藥用途等不同的發明，而透過這些不同發明專利，不僅可強化藥品的專利保護，也可能延長藥品的專利保護期間。

(一) 活性化合物及衍生型式之專利

1. 活性化合物專利

藥品的活性化合物通常簡稱為 API，英文全名為 Active Pharmaceutical Ingredient。開發及篩選出適當的 API 通常為新藥研發的開端，所以 API 的化學結構式往往也是最早提出專利申請的發明。

以化合物結構提出專利申請時，原則上會利用化學名稱、分子式或結構式等特徵界定專利範圍。常見的請求項寫法為「一種通式I化合物」[2]。以實際案例來看，例如臺灣第I229674號[3]專利請求項1的記載如下：

[2] 現行專利審查基準第二篇「發明專利實體審查」第十三章「醫藥相關發明」第2-13-1頁。

[3] 此專利為原告在智慧商業法院110年度民專訴字第11號民事判決（專利連結訴訟）中主張的專利。

1. 一種式 (I) 化合物

(I)

其中

R^1 是 C3-5 烷基，其係未經取代或爲一個以上的鹵原子所取代；

R^2 是苯基，其係未經取代或爲一個以上的氟原子所取代；

R^3 及 R^4 均是羥基；

R 是 XOH，其中 X 是 CH_2，OCH_2CH_2 或一鍵；或其藥學上可接受之鹽，

限制條件爲：

當 X 是 CH_2 或一鍵，R^1 非丙基，

當 X 是 CH_2 且 R^1 是 $CH_2CH_2CF_3$，丁基或戊基，在 R^2 之苯基必須爲氟所取代，

當 X 是 OCH_2CH_2 且 R^1 是丙基，在 R^2 之苯基必須爲氟所取代。

2. 化合物衍生型式專利

除了化合物本身的結構外，化合物的衍生型式也可以申請專利。例如藥學上可接受之鹽或酯、立體異構物、水合物等。

常見的請求項寫法如「一種通式 I 化合物及其鹽」、「一種化合物 X 之多晶型」等。

在近期的專利連結訴訟[4]中，也有涉及化合物晶型的專利。例如臺灣第 I382016 號專利的請求項 1[5]記載如下：

> 1. 一種呈多晶型 I 之式 (I) 化合物，
>
> 其於 X- 射線繞射中顯示一最高峰之 2 Theta 角爲 4.4, 13.2, 14.8, 16.7, 17.9, 20.1, 20.5, 20.8, 21.5 及 22.9。

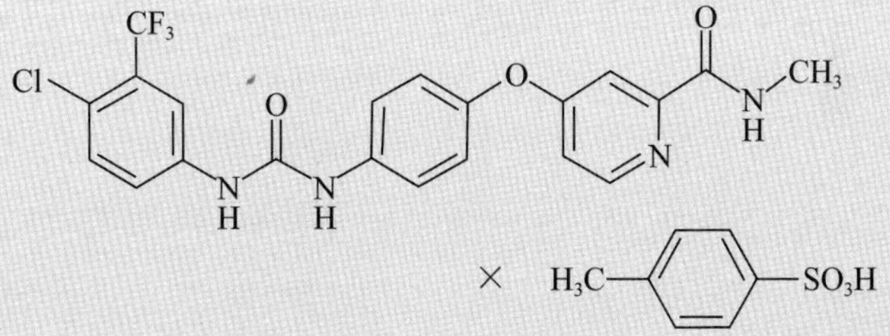

立體異構物或鏡像異構物的請求項則例如臺灣第 I465452 號專利的請求項 1：

> 1. 一種 1'-{[5-(三氟甲基) 呋喃 -2- 基] 甲基 } 螺 [呋喃并 [2,3-f][1,3] 苯并間二氧雜環戊烯 -7,3'- 吲哚]-2'(1'H)- 酮之 (S)- 鏡像異構物，其具有下式 (I-S)：

[4] 專利連結制度請參本章第四節的說明，頁 45 以下。

[5] 此專利爲原告在智慧商業法院 110 年度民專訴字第 8 號民事判決（專利連結訴訟）中主張的專利。

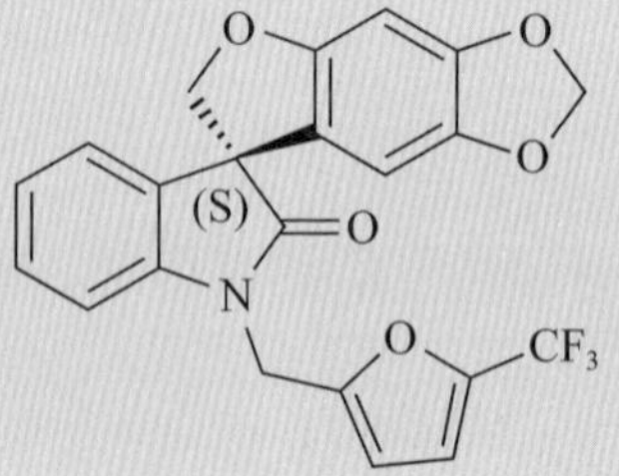

(I-S)

依照現行的專利審查基準，申請專利之發明爲一已知化合物之對映異構物（enantiomer），若引證文件公開該化合物之外消旋混合物（racemic mixture），但並未具體公開各種光學異構物，雖然實際上，該化合物的各種光學異構物是客觀存在，只是未個別單離出來，然而因引證文件之內容並未揭露至該發明所屬技術領域中具有通常知識者能製造及使用該對映異構物之程度，則申請專利之發明具有新穎性。

換言之，縱使化合物的外消旋混合物已經被公開或有專利保護，若該發明所屬技術領域中具有通常知識者無法從已公開的文件資料中得知如何製造或使用鏡像異構物，則還是有機會針對鏡像異構物申請專利保護。

3. 化合物衍生型式專利之運用

在 20 多年前，阿斯特捷利康公司即成功地利用鏡像異構物專利來延長明星藥物的保護期限。

在 1989 年 9 月，阿斯特捷利康公司推出一款緩解胃食道逆流的膠囊藥品，商品名爲 Prilosec[6]。依據華爾街日報（Wall

[6] Walgreen Co. v. AstraZeneca Pharm. L.P., 534 F. Supp. 2d 146 (D.D.C. 2008).

Street Journal）於2002年6月的一則報導[7]，這顆藥是當時的明星藥品，不僅銷售量高，藥價也高達每顆4美元。從1997年至2001年的5年間，這顆藥爲阿斯特捷利康公司帶進約260億美元的收入。

Prilosec的活性化合物爲奧美拉唑（Omeprazole），阿斯特捷利康公司在1981年取得美國專利，專利期限到2001年4月。爲了防止虎視眈眈的學名藥藥商在專利過期後搶入市場分食利潤，阿斯特捷利康公司在1995年籌組一個由行銷高手、律師及科學家組成的團隊，研究如何減少專利過期對公司收益所造成影響。這個計畫命名爲鯊魚鰭計畫（Shark Fin Project）。依據華爾街日報的記載，這個名稱的由來是因爲如果計畫失敗了，公司一直上升的利潤就會垂直往下掉，很像鯊魚鰭的形狀。

這個團隊一開始提出了約50多種可能的方案，但都一一失敗了。最後會採用奧美拉唑的鏡像異構物，其實是退無可退的選擇。奧美拉唑鏡像異構物的治療效果會不會比奧美拉唑更有效，必須要透過實驗才能證明。沒有人知道花費了時間及金錢進行的實驗是否會得到有利的結果。幸運地，實驗證明奧美拉唑的S式立體異構物在某些情形下的治療效果優於奧美拉唑。於是，阿斯特捷利康公司在2001年2月底取得這個S式立體異構物藥品的藥品許可證，商品名稱爲耐適恩

[7] Gardiner Harris, *Prilosec's Maker Switches Users To Nexium, Thwarting Generics*, THE WALL STREET JOURNAL, June 6, 2002, https://www.wsj.com/articles/SB1023326369679910840 (last visited October 30, 2022).

（Nexium）。

接下來阿斯特捷利康公司透過投入大量的行銷資源，派遣大量業務人員去拜訪醫師，宣傳耐適恩的優點，並提供耐適恩的免費樣本，鼓勵醫生多開耐適恩給病人，成功地將病人的用藥習慣由 Prilosec 轉換到耐適恩。華爾街日報指出，2001 年阿斯特捷利康公司在美國市場投入的行銷金額高達 4 億 7,800 萬美元。

耐適恩活性化合物的專利保護期到 2014 年 5 月，因此，藉由推出鏡像異構物的藥品，阿斯特捷利康公司將明星藥品的專利保護又延長了 10 多年，保住公司的金雞母。

(二) 延續性專利權

除了利用活性化合物及衍生型式的專利來保護明星藥品的商業利益，藥商也會利用一些不具有特定藥理作用之其他成分與活性化合物質的搭配組合，發展出一些延續性專利權，例如醫藥組成物或劑型專利等。由於這些延續性專利的申請日在後，專利屆期日也較後，即可拉長藥品的專利保護。

從西藥專利連結資訊系統上登載的專利資訊[8]，也可以大致看出這種申請策略。例如在衛署藥輸字第 024605 號藥證上所登載的臺灣第 179660 號及第 I339657 號兩件專利，前者爲物質發明專利，專利期間爲 2003 年 5 月 21 日至 2020 年 9 月 25 日，後者爲組合物或配方發明專利，專利期間爲 2011 年 4

[8] 我國西藥專利連結登載系統平台，https://plls.fda.gov.tw/（最後瀏覽日：2022 年 9 月 2 日）。

月 1 日至 2023 年 10 月 13 日。在衛署藥輸字第 025691 號上也有登載物質發明專利（第 I229674 號）及組合物或配方發明專利（第 I482772 號）。前者專利期間爲 2005 年 3 月 21 日至 2024 年 11 月 18 日，後者專利期間爲 2015 年 5 月 1 日至 2027 年 8 月 9 日。

許可證	發明專利公告號	發明專利名稱	專利期間	專利種類
衛署藥輸字第024605號	179660	經取代的3,5–二苯基–1,2,4–三唑及其醫藥組合物	2003/05/21至2020/09/25	物質發明
	I339657	含苯甲酸衍生物之可分散錠劑	2011/04/01至2023/10/13	組合物或配方發明
衛署藥輸字第025691號	I229674	新穎三唑並[4,5-d]嘧啶化合物，含彼等之醫藥組合物，其製備方法及用途	2005/03/21 至2024/11/18	物質發明
	I482772	適合口服且包含三唑幷[4,5-d]嘧啶衍生物之組合物	2015/05/01 至2027/08/09	組合物或配方發明

1. 醫藥組成物專利

醫藥組成物之技術特徵通常包含具有特定藥理作用之一個或一群化合物、不具有特定藥理作用之其他組分（例如塡充劑、崩解劑等）以及組分含量或用量比例等。在近期的專利連結訴訟中，幾乎每個案件都有涉及醫藥組成物專利請求項。例如，臺灣第 I271193 號發明專利（下稱 193 專利）[9] 及第

[9] 此專利爲原告在智慧商業法院 109 年度民專訴字第 51 號民事判決（專利連結訴

I238720號發明專利（下稱720專利）[10]的請求項1的記載分別如下所示：

1. 一種醫藥組合物，其包括4-（3‘-氯基-4’-氟苯胺基）-7-甲氧基-6-（3-N-嗎啉基丙氧基）喹唑啉或其醫藥上可接受的鹽及水溶性纖維素醚或水溶性纖維素醚之酯。

1. 一種用於治療患有異質接合家族性血膽固醇過多症之病患之異質接合家族性血膽固醇過多症之醫藥組合物，其包括治療有效量之I-7-[4-（4-氟苯基）-6-異丙基-2-[甲基（甲基磺醯基）胺基]嘧啶-5-基](3R,5S)-3,5-二羥基庚-6-烯酸或其醫藥可接受性鹽及醫藥可接受性載體。

2. 劑型專利

劑型專利可能是針劑、貼劑或錠劑等給藥方式的改變，例如，臺灣第I498399號專利的請求項1即為一種經皮吸收貼劑。劑型專利也可以是利用賦形劑的調配，延長活性化合物釋放的速度，例如，臺灣第I351957號專利的請求項1即為一種緩釋型錠劑。二件專利請求項1之記載分別如下所示：

訟）中主張的專利。

[10] 此專利為原告在智慧商業法院110年度民專訴字第9號民事判決（專利連結訴訟）中主張的專利。

1. 一種含有匹若西卡（piroxicam）之經皮吸收貼劑，其特徵爲含有匹若西卡作爲藥效成分，及奧布卡因（oxybuprocaine）或其藥學上可容許的鹽作爲吸收促進劑，其中匹若西卡與奧布卡因或其藥學上可容許的鹽的摻配比爲匹若西卡：奧布卡因 <1：2。

1. 一種口服用延長釋放錠劑，其包含：
   (i) 含量爲 2.5 至 40 毫克的托拉塞米（torasemide）；
   (ii) 相對於錠劑總重量，比例爲 40 至 60% 的乳糖；
   (iii) 相對於乳糖重量，比例爲 5 至 10% 的瓜耳膠；
   (iv) 相對於錠劑總重量，比例爲 0.20 至 0.40% 的硬脂酸鎂；
   (v) 相對於錠劑總重量，比例爲 0.25 至 1% 的煙狀二氧化矽；及
   (vi) 含量至高達總共 100% 的澱粉產品。

(三) 製造方法專利

製造化合物、醫藥組成物或劑型的方法也可以申請專利保護。製造方法請求項主要會記載製造流程及步驟。例如，臺灣第 I634909 號專利請求項 1 即爲製造方法請求項，記載如下：

1. 一種長效緩釋醫藥組成物之製備方法，其步驟包含：
將活性成分與親水性聚合物以及賦形劑進行打錠，以形成一裸錠；將疏水性聚合物以及賦形劑混合，以形成一控釋膜衣層；
其中控釋膜衣層佔該裸錠之總重量之大於 0wt% 至 10wt%；
將活性成分以及賦形劑混合，以形成一主成分膜衣層；
將控釋膜衣層包覆裸錠後，再將該主成分膜衣層包覆已包覆裸錠之該控釋膜衣層，以形成長效緩釋醫藥組成物；
其中裸錠之活性成分佔長效緩釋醫藥組成物之整體活性成分之總重量之 75wt% 至 92wt%；
其中主成分膜衣層之活性成分佔該長效緩釋醫藥組成物之整體活性成分之總重量之 8wt% 至 25wt%。

(四) 醫藥用途專利

1. 瑞士請求項

若是要將化合物或組成物用於人類或動物之診斷、治療或外科手術之用途申請醫藥用途專利，可能會將專利請求項撰寫為：

- 「化合物 A 在治療疾病 X 之用途」，或
- 「使用化合物 A 治療疾病 X 之方法」。

但是，有些國家包括臺灣的專利法規定，人類或動物之診斷、

治療或外科手術方法為法定不予發明專利之項目[11]，所以上述兩種寫法都有可能會被認定是屬於「人類或動物之治療方法」而無法取得專利。因而，實務上發展出一種瑞士型請求項（Swiss-type claim）的撰寫方式，將上述兩種請求項改寫為：

•「化合物 A 在製備治療疾病 X 之藥物的用途」，或

•「醫藥組成物B之用途，其係用於製備治療疾病X之藥物」。

這種請求項撰寫方式將申請標的轉換成一種製備藥物之方法，避開了「人類或動物之治療方法」的限制，即不會落入法定不予發明專利之範疇[12]。

瑞士型請求項之記載型式常運用於涉及給藥對象、給藥方式、途徑、使用劑量或時間間隔等醫藥用途發明。例如，現行專利審查基準揭示，申請專利之發明是關於「以化合物 A 來治療 Y 疾病，其特徵在於以化合物 A 之初始劑量為 5.0 至 10.0 mg/kg 給藥，停藥 2 天，再以 2.0 至 5.0 mg/kg 之劑量給藥 3 天，依序循環給藥」，則不宜以醫藥組成物作為申請標的，應改以瑞士型請求項之製備藥物「用途」作為申請標的，修正為「化合物 A 用於製備治療 Y 疾病之藥物的用途，其係以化合物 A 之初始劑量為 5.0 至 10.0 mg/kg 給藥，停藥 2 天，

---

[11] 專利法第 24 條：「下列各款，不予發明專利：

一、動、植物及生產動、植物之主要生物學方法。但微生物學之生產方法，不在此限。

二、人類或動物之診斷、治療或外科手術方法。

三、妨害公共秩序或善良風俗者。」

[12] 現行專利審查基準第二篇「發明專利實體審查」第十三章「醫藥相關發明」第 2-13-16 頁。

再以 2.0 至 5.0 mg/kg 之劑量給藥 3 天，依序循環給藥」[13]。

瑞士型請求項亦常運用於第二醫療用途的專利保護。例如，已知醫藥組成物已知可治療心血管疾病，後來發現具有改善勃起功能障礙之新用途。針對這項新用途，即可以瑞士型請求項表示：「一種醫藥組成物之用途，其係用於製備治療或預防雄性動物（包括男人）之勃起不能的藥物，該醫藥組成物包含有效量之化合物 A。」

2. 醫藥用途界定醫藥組成物

早期針對第二醫療用途的發明，是採取以「醫藥用途界定醫藥組成物」之方式撰寫專利請求項。醫藥用途界定之醫藥組成物的請求項寫法爲「一種用於治療疾病 A 之醫藥組成物」。例如，臺灣第 083372 號專利的請求項 1 爲「一種用於治療或預防雄性動物（包括男人）之勃起不能的藥學組成物，其包含式 (I) 所示之化合物……。」，即是以醫療用途界定組成物。此外，本章一開始所提出的案例，「一種用於治療 β- 穀甾醇血症之醫藥組合物，其包含有效量之式 (VIII) 表示之固醇吸收抑制劑、或該固醇吸收抑制劑之醫藥可接受鹽或溶劑合物、或其混合物，於醫藥可接受載劑中。」，也是屬於醫藥用途界定之醫藥組成物。

若是採用瑞士型請求項，則可將本章開頭所提案例改寫爲「一種醫藥組合物的用途，其係用於製備治療 β- 穀甾醇血症之藥物，該醫藥組成物包含有效量之式 (VIII) 表示之固醇吸收

---

[13] 現行專利審查基準第二篇「發明專利實體審查」第十三章「醫藥相關發明」第 2-13-20 頁。

抑制劑、或該固醇吸收抑制劑之醫藥可接受鹽或溶劑合物、或其混合物，於醫藥可接受載劑中。」

醫療用途請求項（特別是瑞士請求項），與醫藥用途界定之醫藥組成物，在解釋申請專利範圍時有無不同呢？由於醫藥用途界定之醫藥組成物仍屬「物之請求項」，請求項保護之標的爲「物」，而非「醫療用途」。因此，該「醫療用途」特徵在解釋物之請求項的範圍時是否具有限定作用，將會對「醫藥用途界定之醫藥組成物」之請求項範圍有很大的影響。

依照 2016 年版專利侵權判斷要點揭示之原則，於解釋用途界定物之請求項時，應參酌說明書所揭露之內容及申請時之通常知識，考量請求項中的用途特徵對於申請專利之物是否產生影響或改變，即該用途特徵是否隱含申請專利之物具有適用該用途的某種特定結構或組成[14]。

例如原告專利之請求項爲「一種用於治療癌症的組合物 X，包含化合物 A」，而被控侵權對象爲「一種用於治療心臟病的組合物 X，包含化合物 A」，由於治療癌症之用途對於組合物 X 的組成未產生影響或改變，因此該用途特徵對於請求項界定之範圍不具限定作用，被控侵權對象應有落入系爭專利之請求項界定的範圍[15]。也就是說，在這個例子中，在比對被控侵權產品是否落入系爭專利範圍時，治療用途是不納入比對範圍的。

回顧本章一開始所舉案例，被控侵權藥品爲一種用於治療

---

[14] 2016 年版專利侵權判斷要點第 2.7.1.2 點。

[15] 同前註。

「高膽固醇血症」的醫藥組成物，活性成分包括 ezetimibe。專利請求項與被控侵權藥品的唯一差別在於「用途」，前者是用於治療「β- 榖甾醇血症」，後者是用於治療「高膽固醇血症」。

若依照前述 2016 年版專利侵權判斷要點揭示之原則，由於治療「β- 榖甾醇血症」之用途對於醫藥組成物的組成未產生影響或改變，因此該用途特徵對於請求項界定之範圍不具限定作用，亦即在侵權比對時不需要比較治療用途的差異，在此情況下，被控侵權藥品應該落入原告專利之請求項範圍。但是，爲何法院最後認爲因爲「高膽固醇血症」之適應症與「β- 榖甾醇血症」不同，所以被控侵權藥品並未落入原告專利請求項之範圍呢？

原因在於 2013 年以前之專利審查實務，認爲用途特徵對於請求項之範圍具有限定作用。例如，2012 年版專利審查基準揭示：以用途界定物之申請專利範圍的認定應受該用途之限制，例如認定「用於殺昆蟲之組成物」之申請專利範圍時，應限於該組成物作爲「殺昆蟲」之用途[16]。

智慧商業法院 102 年度民專上字第 53 號民事判決亦指出，由該案專利更正後申請專利範圍第 1 項之申請標的可知，其形式上屬於一種「用途界定物」之請求項。另參酌 2004 年版專利審查基準第二篇第一章第 2-1-47 頁「3.5.5 用途發明之申請專利範圍」：「……用途發明之申請專利範圍得以『物』

[16] 2012 年版專利審查基準之第一篇（發明專利實體審查）第八章（特定技術領域之審查基準）第一節（生物相關發明）四（說明書）（一）（說明書之記載）2（申請專利範圍）2.1.（申請專利範圍之認定）(5)（用途界定物之申請專利範圍）。

（如組成物）、『方法』（如製備方法或處理方法）或『用途』（應用或使用）爲申請標的。此外，若申請標的爲『物』時，即爲3.5.4『以用途界定物之申請專利範圍』。」可知於該案專利核准審定時，「以用途界定物」之請求項是屬申請「用途發明」之慣用表現形式之一。觀諸該案專利更正後申請專利範圍第1項，是屬「以用途界定物」之請求項，此乃當時申請「用途發明」之慣用表現形式。

不過，自2013年起，經濟部智慧財產局（下稱智慧局）調整了「用途界定物」請求項的審查實務。依照2013年版專利審查基準所載，以用途界定化合物之請求項，通常只是對該物的用途或使用方法的描述，應認定其申請專利範圍爲化合物本身，而不具有用途之限定作用。例如，「用於殺絛蟲」僅是表示化合物之用途，因此，「用於殺絛蟲之化合物A」與未界定用途之已知化合物A的專利範圍並無不同[17]。

爲因應實務審查的調整，2016年版專利侵權判斷要點特別指出，若「用途界定物之請求項」是依2013年以前之專利審查基準核准審定者，於解釋該請求項時，其請求項界定之範圍應受該用途之限定[18]。亦即，於解釋「用途界定物」之請求項範圍時，會因爲請求項是在2013年之前或之後獲准而有不同。

智慧商業法院110年度民專訴字第4號民事判決亦有闡明此判斷原則。該判決指出，2016年專利侵權判斷要點規定：「惟依2004年版『專利侵害鑑定要點』及2013年前之專利

[17] 2013年版第二篇「發明專利實體審查」第十三章「醫藥相關發明」第2-13-20頁。
[18] 同前註14。

審查實務，用途特徵對於請求項界定之範圍皆具有限定作用，因此，若『用途界定物之請求項』係依2013年以前之專利審查基準核准者，於解釋該請求項時，其請求項界定之範圍應受該用途之限定」等語，且用途界定物之請求項，是指請求項之標的名稱爲物之範疇，而於請求項之前言或本體中另敘該物之應用領域或目的等技術特徵之請求項，如：一種用於治療心臟病之醫藥組合物（參2016年專利侵權判斷要點第18頁2.7.1.1用途界定物之請求項的意義），準此，由於系爭專利請求項1之標的，符合「用途界定物之請求項」之定義，故該專利請求項1是用途界定物之請求項，且查該專利是2010年11月19日核准審定，早於2013年，因此該專利請求項1之界定範圍應受該用途之限定，是以，該專利請求項1之「治療β-穀甾醇血症」具有限定作用。

二、專利之讓與及授權

專利除了作爲訴訟的武器外，亦可透過讓與或授權爲企業帶來利潤。專利申請前後，基於技術合作、投資策略或商業經營的考量，權利人可能將權利讓與或授權給他人。取得專利授權或轉讓之人是否有權於日後行使專利權並提起訴訟，必須視授權或轉讓範圍而定[19]，以及該等授權及轉讓是否符合相關法律規定。因此，專利讓與及授權之規定，亦爲不可忽略之課題。

---

[19] 例如專利法第96條第4項：「專屬被授權人在被授權範圍內，得爲前三項之請求。但契約另有約定者，從其約定。」

專利法上之授權，依其性質可以區分爲「專屬（exclusive）」及「非專屬（non-exclusive）」授權[20]；專屬授權下，專屬被授權人幾乎等同取得專利權人之地位，在取得之授權範圍內，市場上僅有其得實施專利權，且甚至得排除專利權人之實施行爲，專利權人亦不得再行授權予第三人；而非專屬授權則是指，專利權人在相同授權範圍內，仍得再授權予第三人，且亦不排除專利權人自己之實施[21、22]。

此外，依專利連結制度之設計（詳後述），新藥藥證所有人可以提報專利資訊，以達後續專利連結之效果，不過倘若其與專利權人爲不同人（例如，專利權人爲美國公司，而新藥藥證所有人爲臺灣公司），提報專利資訊時，新藥藥證所有人應取得專利權人同意；而該專利權有專屬授權，且依專利法辦

---

[20] 專利法第62條：「（第1項）發明專利權人以其發明專利權讓與、信託、授權他人實施或設定質權，非經向專利專責機關登記，不得對抗第三人。（第2項）前項授權，得爲專屬授權或非專屬授權。」

[21] 臺灣高等法院臺中分院95年度智上易字第18號民事判決：「專利授權契約有所謂『專屬授權契約』及『非專屬授權契約』，『專屬授權契約』者，授權人於爲專屬授權後，在被授權人所取得之權利範圍內不得再授權或同意他人行使，甚至於如果未特別約定，授權人在自己爲授權的範圍內亦不得再行使該權利。而『非專屬授權契約』係指授權人於授權契約時，就相同之授權範圍仍得再授權第三人使用或實施而言。因此『專屬被授權人』在其取得之授權之範圍內，其取得對專利權之排他權能實與專利權人幾近無異。」

[22] 實務上另外常見「獨家授權」（sole license），通常是指在授權範圍內，專利權人僅授權予單一被授權人，不過該被授權人不得排除專利權人實施專利權。臺灣智慧局原則上將此等「獨家授權」歸類爲非專屬授權的一種類型，不過亦有授權契約是安排專利權人爲專屬授權後，約定專屬被授權人同意再授權予專利權人實施者，此時亦可能歸類爲專屬授權。參智慧局專利主題網，何謂專屬授權？何謂非專屬授權？何謂獨家授權？ https://topic.tipo.gov.tw/patents-tw/cp-783-872518-e4472-101.html（最後瀏覽日：2022年8月10日）。

理登記者，僅需取得專屬被授權人之同意[23]。因此，專利權之讓與或授權，對於日後權利保護至關重要，不論是相關契約安排，或向專利專責機關辦理登記[24]，以作爲權利移轉或授予之證明，均不可不愼。

過去實務上，即有因登記內容，與實際移轉或授權情形存在落差，甚至導致權利歸屬之證明上衍生爭議，且在以下案例中智慧商業法院與最高法院持相左意見。

案例

輝瑞集團之臺灣第 083372 號「用於治療或預防男性勃起不能或女性性慾官能不良之藥學組成物」發明專利（下稱 372 專利），其所涵蓋之成分是用以製造「威而鋼膜衣錠」之成分。

依臺灣法成立之「輝瑞大藥廠股份有限公司」，曾主張其是 372 專利之專屬被授權人，並認爲泰和碩公司、保仁藥局、建興藥局等所批發及經銷之藥品有侵害 372 專利。輝瑞大藥廠股份有限公司爲證明其有權提起訴訟，就 372 專利之讓與及授權過程，說明如下：

[23] 依藥事法第 48 條之 4 第 1 項：新藥藥證所有人提報之專利資訊包括「專利權人之姓名或名稱、國籍、住所、居所或營業所；有代表人者，其姓名。該專利權有專屬授權，且依專利法辦理登記者，爲其專屬被授權人之上述資料。」另依同條第 2 項：「新藥藥品許可證所有人與專利權人不同者，於提報專利資訊時，應取得專利權人之同意；該專利權有專屬授權，且依專利法辦理登記者，僅需取得專屬被授權人之同意。」

[24] 專利法第 62 條第 1 項，同前註 20。

(1) 1994年5月時，比利時商「輝瑞研究及開發公司」提出專利申請，並於1997年5月取得該專利。
(2) 1999年4月時，比利時商「輝瑞研究及開發公司」將372專利讓與予美商「輝瑞股份有限公司」。
(3) 2005年4月時，美商「輝瑞股份有限公司」再將372專利讓與予依愛爾蘭法成立之合夥事業「輝瑞愛爾蘭藥廠（合夥事業）」。惟當時辦理登記時，誤將該愛爾蘭合夥事業，記載為依「荷蘭法」成立之「公司」（即「荷蘭商輝瑞愛爾蘭藥廠」）。
(4) 2011年1月時，「輝瑞愛爾蘭藥廠（合夥事業）」又將372專利讓與予依愛爾蘭法成立之「輝瑞愛爾蘭藥廠私人無限責任公司」，即最後經智慧局公告之專利權人。「輝瑞愛爾蘭藥廠私人無限責任公司」並將372專利專屬授權予依臺灣法成立之「輝瑞大藥廠股份有限公司」。

惟訴訟中，泰和碩公司、保仁藥局、建興藥局抗辯2005年4月時，372專利是讓與予「荷蘭商輝瑞愛爾蘭藥廠」，嗣後竟由「輝瑞愛爾蘭藥廠（合夥事業）」讓與予「輝瑞愛爾蘭藥廠私人無限責任公司」，可見讓與歷程不連續，提起本件訴訟的臺灣「輝瑞大藥廠股份有限公司」是否有取得372專利之專屬授權？應有疑慮，故不得以372專利提起訴訟。

(一)智慧商業法院怎麼說

智慧商業法院於本案一改先前於另案肯認依臺灣法成立之「輝瑞大藥廠股份有限公司」爲專屬被授權人之見解[25]，而採泰和碩公司、保仁藥局、建興藥局等被告之抗辯，認定372專利讓與不連續，故「輝瑞大藥廠股份有限公司」並未取得372專利之專屬授權。

詳言之，法院認爲，過去讓與資料中，均無「荷蘭商輝瑞愛爾蘭藥廠」將372專利讓與予「輝瑞愛爾蘭藥廠（合夥事業）」之讓與契約書或證明文件，「輝瑞愛爾蘭藥廠私人無限責任公司」卻是自「輝瑞愛爾蘭藥廠（合夥事業）」受讓372專利，可見有權利讓與不連續之情事。況且，當時讓與予「荷蘭商輝瑞愛爾蘭藥廠」時，專利權讓與登記申請書中，「受讓人」欄位記載「荷蘭商輝瑞愛爾蘭藥廠」、「國籍」欄位記載「荷蘭」，檢附之讓與契約關於受讓人組織成立之準據國法，特別以手寫方式記載「荷蘭法」，由此可知，應是由「荷蘭商輝瑞愛爾蘭藥廠」取得372專利。因此，「輝瑞愛爾蘭藥廠（合夥事業）」，將其未取得之372專利，讓與給「輝瑞愛爾蘭藥廠私人無限責任公司」，應不生讓與之效果；由於依臺灣法成立之「輝瑞大藥廠股份有限公司」亦無法證明其爲372專利之專利被授權人，自無專利權遭侵害之可能，法院因而駁回其訴[26]。

[25] 智慧商業法院104年度民專上字第43號民事判決。

[26] 智慧商業法院105年度民專上字第13號民事判決。

(二) 最高法院怎麼說

然而，上開見解遭最高法院廢棄。最高法院闡釋，372 專利爲輝瑞集團所有世界知名專利，且歷次受讓之受讓人名稱均包含其公司特取名稱，故 372 專利之讓與應爲集團內部之讓與，而在訴訟過程中，輝瑞集團已出具聲明書說明 372 專利轉讓過程，荷蘭商會則出具說明書表示並無依荷蘭法成立之「荷蘭商輝瑞愛爾蘭藥廠」存在，因此，當時是否受讓人確實誤記載爲「荷蘭商輝瑞愛爾蘭藥廠」？應進一步調查，智慧商業法院逕以讓與登記之內容不連續，認定「輝瑞愛爾蘭藥廠私人無限責任公司」並非 372 專利之專利權人，「輝瑞大藥廠股份有限公司」未經合法專屬授權，進而駁回其請求，應有不妥，故廢棄原判決發回智慧商業法院[27]。

（三）嗣後發展

依司法院法學資料檢索系統，此等案件發回智慧商業法院後，經撤回上訴，因此智慧商業法院並未再表示意見。不過，在另案以相同 372 專利針對另一被控侵權對象所提起的侵權訴訟中，智慧商業法院即於調查後，依荷蘭商會之說明書、輝瑞集團在美國、愛爾蘭及荷蘭等地之關係企業或事業所出具之說明書，以及當時簽署讓與契約之代表人之聲明書等資料，相互勾稽後，確認美商「輝瑞股份有限公司」當時之眞意應是將 372 專利讓與予愛爾蘭合夥事業「輝瑞愛爾蘭藥廠（合夥事業）」，該合夥事業嗣後將 372 專利再讓與予「輝瑞愛爾蘭藥

[27] 最高法院 108 年度台上字第 34 號民事判決。

廠私人無限責任公司」，並由依臺灣法成立之「輝瑞大藥廠股份有限公司」取得專屬授權，此等權利讓與過程應屬合法，亦不應影響「輝瑞大藥廠股份有限公司」基於專屬被授權人之地位行使權利[28]。

雖然依智慧商業法院前開認定，輝瑞集團內之讓與瑕疵最終不影響其專利權行使，然此等讓與過程之瑕疵及所衍生之爭議更提醒專利權利人，相關讓與或授權文件及登記之辦理，可能會牽動嗣後之權利主張與訴訟上的攻防，故權利人宜更加謹慎留意讓與或授權之連續性。

三、專利快過期了嗎

依專利法之規定，專利權享有一定期間之排他效力。其中，發明專利權期限，自申請日起算20年屆滿[29]；新型專利權期限，自申請日起算10年屆滿[30]；設計專利權期限，自申請日起算15年屆滿[31]。

不過，藥商進行藥品開發時，取得一定研發成果即可能提出專利申請（例如前述之API化學結構式），再繼續進行臨床試驗，以確認藥品之療效及安全性，並以該等試驗資料申請中央衛生主管機關查驗登記，經核准發給藥證後，才開始製造

---

[28] 智慧商業法院109年度民專上更（一）字第1號民事判決。

[29] 專利法第52條第3項：「發明專利權期限，自申請日起算二十年屆滿。」

[30] 專利法第114條：「新型專利權期限，自申請日起算十年屆滿。」

[31] 專利法第135條：「設計專利權期限，自申請日起算十五年屆滿；衍生設計專利權期限與原設計專利權期限同時屆滿。」

或輸入藥品[32]；因此，藥商縱使於研發階段已取得一定成果，並據此提出專利申請經核准，惟中央衛生主管機關核發藥證之前，藥商仍無法實施專利以製造、輸入藥品，不過此等期間內，藥商可能已投入大量成本。為彌補因法定審查取得藥證而無法實施發明專利之期間，專利法設有專利權期間延長制度，醫藥專利權人往往會於取得藥證後三個月內，向智慧局申請專利權期間延長[33]。

雖然申請延長時，專利權人會填載延長之期間，並附具藥證[34]，而智慧局核准延長時，亦會一併揭示延長之期間及範圍，惟此仍經常成為日後訴訟之攻防重點。

(一) 延長之期間計算

專利權期間之延長，與學名藥藥商推出學名藥之時間息息相關；此外，由於損害賠償責任，可能會以學名藥藥商於專利權期間內販賣藥品之所得利益計算數額，故期間延長之長短，更是醫藥專利訴訟中所特有之爭議重點。

其中，延長之期間大抵上包含：

---

[32] 藥事法第39條第1項：「製造、輸入藥品，應將其成分、原料藥來源、規格、性能、製法之要旨，檢驗規格與方法及有關資料或證件，連同原文和中文標籤、原文和中文仿單及樣品，並繳納費用，申請中央衛生主管機關查驗登記，經核准發給藥品許可證後，始得製造或輸入。」

[33] 專利法第53條第4項：「第一項申請應備具申請書，附具證明文件，於取得第一次許可證後三個月內，向專利專責機關提出。但在專利權期間屆滿前六個月內，不得為之。」

[34] 專利權期間延長核定辦法第3條第1項：「依本法第五十三條規定申請延長專利權期間者，應備具申請書載明下列事項，由專利權人或其代理人簽名或蓋章：……四、申請延長之理由及期間。……」

1. 國內外之臨床試驗期間，以及

2. 國內申請查驗登記之審查期間[35]。

不過，關於國外臨床試驗期間之起訖日期，近期實務見解間存有不同意見。

案例

關於 372 專利，輝瑞集團曾申請專利權期間延長，申請時所計入之延長期間包括：

(1) 國內臨床試驗期間：1997 年 5 月 19 日至 1999 年 1 月 29 日止；

(2) 國內申請查驗登記期間：1998 年 6 月 18 日至 1999 年 1 月 30 日；及

(3) 生產國（澳洲）臨床試驗期間暨查驗登記期間：1995 年 9 月 28 日至 1998 年 9 月 4 日。

經智慧局審認後，僅就 372 專利公告日（1996 年 12 月 11 日）之前所花費之期間不予計算，並扣除重疊期間後，採計剩下所有期間，並准予延長專利權期間共計 2 年 50 日，至 2016 年 7 月 2 日止。

輝瑞集團控告南光製藥侵害 372 專利之訴訟中，南光製藥即抗辯，依 372 專利核准延長時所適用之專利權期間延長審查基準（即 1999 年審查基準），得延長期間僅能計

[35] 專利權期間延長核定辦法第 4 條第 1 項：「醫藥品或其製造方法得申請延長專利權之期間包含：一、爲取得中央目的事業主管機關核發藥品許可證所進行之國內外臨床試驗期間。二、國內申請藥品查驗登記審查期間。」

入372專利之國內臨床試驗期間、國內申請查驗登記期間，以及生產國核准上市所認可之臨床試驗期間。此外，依當時所適用之專利法（即2001年專利法）第51條規定，取得藥證而於專利案審定公告後需時二年以上者，專利權人始得申請延長專利權期間[35]。由於計入前開期間，並扣除不適格之期間後，相關期間未達二年，因此不應准予延長。

1. 智慧商業法院原先看法：計入延長期間之國外臨床試驗期間，應以實際從事試驗之期間為限，不包括報告作成時間[37]

智慧商業法院爲計算專利權延長期間，援引372專利核准延長時所適用之1999年專利權期間延長核定辦法。依當時辦法第4條第1項規定，申請延長專利權之期間包含：

(1) 中央目的事業主管機關（即衛生署／衛福部[38]）所承認之國內臨床試驗期間；

(2) 國內申請查驗登記期間；及

(3) 以國外臨床試驗期間申請延長專利權期間時，其生產國核

---

[36] 2001年專利法第51條第1項：「醫藥品、農藥品或其製造方法發明專利權之實施，依其他法律規定，應取得許可證，而於專利案公告後需時二年以上者，專利權人得申請延長專利二年至五年，並以一次爲限。但核准延長之期間，不得超過向中央目的事業主管機關取得許可證所需期間，取得許可證期間超過五年者，其延長期間仍以五年爲限。」

[37] 智慧商業法院105年度民專上字第8號民事判決。智慧商業法院104年度民專上字第43號民事判決同此見解。

[38] 2015年修法時，配合行政機關組織改造，修正藥事主管機關「行政院衛生署」爲「衛生福利部」（下稱衛生署或衛福部）。

准上市所認可之臨床試驗期間[39]。

因此，智慧商業法院依前開辦法所定得以納入延長期間之三者期間，針對智慧局過去准予延長之期間，分別予以重新審酌認定。

(1) 國內申請查驗登記期間

關於國內申請查驗登記審查期間（即 1998 年 6 月 18 日至 1999 年 1 月 30 日），法院認為此部分智慧局認定並無違誤。

(2) 國內臨床試驗期間

關於國內臨床試驗期間，依 1999 年專利權期間延長審查基準之規定，該等期間之開始日及完成日之採認，明定「醫藥品之試驗開始日為衛生署同意申請人進行國內臨床試驗之日期」、「醫藥品試驗完成日係指衛生署同意核備臨床試驗報告之核准函日期」。法院解釋，當時衛生署以 1997 年 8 月 20 日函同意國內臨床試驗進行，故國內臨床試驗期間之開始日應以 1997 年 8 月 20 日為準，而非輝瑞集團申請延長所載提交臨床試驗申請之 1997 年 5 月 19 日，故得採計之國內臨床試驗期間應為 1997 年 8 月 20 日至 1999 年 1 月 29 日。

(3) 國外臨床試驗期間

至於本案雙方主要爭執之生產國（澳洲）臨床試驗期間暨查驗登記期間，法院解釋，如 1999 年專利權期間延長核定辦

---

[39] 1999 年專利權期間延長核定辦法第 4 條：「（第 1 項）醫藥品或其製造方法得申請延長專利權之期間包含：一、中央目的事業主管機關所承認之國內臨床試驗期間。二、國內申請查驗登記審查期間。三、以外國臨床試驗期間申請延長專利權者，其生產國核准上市所認可之臨床試驗期間。（第 2 項）依前項申請准予延長之期間，應扣除申請人未適當實施為取得許可證所應作為之期間、國內外臨床試驗重疊期間及臨床試驗與查驗登記審查重疊期間。」

法第4條之規定，此等期間依法應不包括「國外申請查驗登記審查期間」，而僅有臨床試驗期間，故向澳洲提出查驗登記申請至取得澳洲藥證之期間，應不得採計爲准予延長之期間。

再者，澳洲臨床試驗期間，應指臨床試驗開始日至臨床試驗完成日之期間，即有實際從事試驗之期間；372專利申請延長時所提澳洲臨床試驗之二份報告，分別有如下臨床試驗之期間（開始日至完成日）及特定報告日期：

- 「臨床試驗A」自1996年1月9日開始進行至1996年11月15日結束，在1997年8月12日完成報告；及
- 「臨床試驗B」自1996年1月9日開始進行至1997年9月3日結束，在1998年12月8日完成報告。

上開計入准予延長之期間，應以臨床試驗之開始日至完成日期間爲限，應不包含報告日期。

再者，由於「臨床試驗A」之臨床試驗期間進行至1996年11月15日結束，是在372專利公告日（即1996年12月11日）之前，不影響372專利之實施，故無法計入准予延長之期間。又依1999年專利權期間延長核定辦法第4條規定，以國外臨床試驗期間申請延長專利權者，應以「其生產國核准上市所認可之臨床試驗期間」爲限；由於輝瑞集團之專利藥品於1998年9月4日已取得澳洲上市許可，早於「臨床試驗B」報告書之報告作成日（即1998年12月8日），故法院認定「臨床試驗B」並不是澳州核准藥品上市時所認可之臨床試驗，不得計入准予延長之期間。

因此，本件依法得計入延長之期間，僅有國內申請查驗登記期間（即1998年6月18日至1999年1月30日），以及

國內臨床試驗期間（1997 年 8 月 20 日至 1999 年 1 月 29 日），合計共 528 日；惟此不足二年，未達 2001 年專利法第 51 條第 1 項所定之二年限制，故延長不合法，372 專利權之權利期間應僅至 2014 年 5 月 13 日即屆滿。

2. 最高法院：國外臨床試驗期間應計算至試驗結果呈現之日，惟是否為臨床試驗報告書之報告日，應再為調查[40]

嗣後，上開智慧商業法院對於延長期間之計算方式，遭最高法院廢棄。最高法院認爲，主管機關核發藥證前，需審查載有臨床試驗結果之報告，而藥品之臨床試驗，應非投藥後即可獲致結論，對於各種投藥條件之設定及其反應，尚有賴以專業知識分析比對及解讀數據後，始能賦予其意義而呈現試驗結果，以供主管機關審查決定是否核准該藥品上市。據此，1999 年專利權期間延長核定辦法所稱「臨床試驗期間」，當然是指開始進行臨床試驗之日起，迄至試驗結果呈現之日爲止之期間，如此解釋始符專利法所訂專利權期間延長之規範目的。

回歸觀察 372 專利，生產國（澳洲）臨床試驗部分，臨床試驗報告上所載之迄日，僅是最後一個受試者之投藥日，惟其後尚須觀察、記錄及判讀實驗結果，再根據結果作成報告；據此，於該報告書所載試驗期間之訖日，既然最後一個受試者才剛接受投藥，其臨床試驗之成果應尚未呈現。而兩次臨床試驗結果呈現之日期究竟爲何？是否應是各該報告日（1997 年 8

[40] 最高法院 109 年度台上字第 11 號民事判決。最高法院 107 年度台上字第 2358 號民事判決同此見解。

月 12 日、1998 年 12 月 8 日）或爲其他日期？攸關臨床試驗可得計入延長專利權之期間，進而影響與他項事由併計有無超過 2001 年專利法第 51 條規定二年期間之認定。因此，原審判決應予廢棄發回。

3. 智慧商業法院變更看法：計入延長期間之國外臨床試驗期間，應包括報告作成時間[41]

該案發回智慧商業法院審理後，法院認爲 372 專利權期間應予延長，不過僅應核准延長至 2016 年 6 月 22 日，超過獲准延長之期間則應予撤銷，其中爭議主要仍在生產國（澳洲）臨床試驗期間。

(1) 國內申請查驗登記期間、國內臨床試驗期間

關於國內申請查驗登記期間（即 1998 年 6 月 18 日至 1999 年 1 月 30 日），及國內臨床試驗期間（即 1997 年 8 月 20 日至 1999 年 1 月 29 日），法院均維持前審之認定。

(2) 國外臨床試驗期間

關於生產國（澳洲）臨床試驗期間，法院闡釋，「臨床試驗 A」完成報告日爲 1997 年 8 月 12 日，此早於澳洲核發藥證之日（1998 年 9 月 4 日），故澳洲核准上市時應有參酌「臨床試驗 A」，故此部分應可採計爲延長期間。不過，「臨床試驗 B」之完成報告日爲 1998 年 12 月 8 日，晚於澳洲核發藥證之日，故澳洲應未以「臨床試驗 B」作爲審查依據，故不得採計。

---

[41] 同前註 28。

再者，法院特別就臨床試驗期間之「訖日」說明，主管機關核發藥證時必須審查臨床試驗報告，而臨床試驗報告並非在「試驗完成日期」（即最後一位受試者之最後投藥日）當日即可獲致臨床試驗結果而完成試驗報告，尚需於最後一位受試者投藥後，等候體內吸收、分布、代謝及排除等過程之相關試驗數據，並依據臨床試驗之各種投藥條件之設定及反應，以專業知識分析比對及解讀後，始能賦予意義而完成試驗報告。此外，關於最高法院認爲，國外臨床試驗期間應計算至試驗結果呈現之日，惟事實上，醫藥實務無法明確界定「結果呈現之日」，惟臨床試驗報告日必然有臨床結果呈現，故以「試驗報告完成之日」作爲國外臨床試驗期間之訖日，應與最高法院之見解相符。因此，所謂「國外臨床試驗期間」，應指「開始進行臨床試驗之日」起至「試驗報告完成之日」止，故本件國外臨床試驗期間應爲「臨床試驗 A」開始進行臨床試驗之日（即1996年1月9日）至試驗報告完成之日（即1997年8月12日）

準此，經計算得申請延長之各項期間，並扣除重疊期間，以及「臨床試驗 A」早於 372 專利公告日之期間後，法院認定，得准予延長之期間應爲 2 年又 41 天，而非智慧局所認定之 2 年 50 日。不過，該等期間仍符合 2001 年專利法第 51 條第 1 項所定之二年限制，故 372 專利權期間應准予延長至 2016 年 6 月 22 日屆滿，經智慧局獲准延長超過之期間（即 2016 年 6 月 23 日至同年 7 月 2 日）則應予撤銷。

4. 現行專利法規：國外臨床試驗期間應僅計算至試驗完成日

應予留意者爲，上開爭議適用之 2001 年專利法，有專利案審定公告後需二年以上始取得藥證之要件；換言之，倘若取得藥證之時間不足二年者，專利權期間則無延長之可能。惟2011年專利法修正時，刪除該等二年最低門檻之限制[42]；立法理由指出，就專利權之保護而言，縱使無法實施之期間未超過二年，仍屬專利權保護期間之喪失，且國際間如日、韓、美、德、英等國均無此限制，故爰予以刪除。

其後，現行專利權期間延長核定辦法第4條，針對納入延長專利權之期間，亦有調整為：

(1) 為取得中央目的事業主管機關（即衛福部）核發藥證所進行之國內外臨床試驗期間，且該等期間應以智慧局送請衛福部確認其為核發藥證所需者為限；及

(2) 國內申請查驗登記期間[43]。

另一方面，智慧局為規範其內部專利審查，2018年修正發布之專利權期間延長審查基準，針對國外臨床試驗期間，與前開最高法院及智慧商業法院更審階段所表示之見解，採取不同之規範，反而採前開智慧商業法院最初表示之見解，以試驗

---

[42] 專利法第53條第1項：「醫藥品、農藥品或其製造方法發明專利權之實施，依其他法律規定，應取得許可證者，其於專利案公告後取得時，專利權人得以第一次許可證申請延長專利權期間，並以一次為限，且該許可證僅得據以申請延長專利權期間一次。」

[43] 專利權期間延長核定辦法第4條：「（第1項）醫藥品或其製造方法得申請延長專利權之期間包含：一、為取得中央目的事業主管機關核發藥品許可證所進行之國內外臨床試驗期間。二、國內申請藥品查驗登記審查期間。（第2項）前項第一款之國內外臨床試驗，以經專利專責機關送請中央目的事業主管機關確認其為核發藥品許可證所需者為限。（第3項）依第一項申請准予延長之期間，應扣除可歸責於申請人之不作為期間、國內外臨床試驗重疊期間及臨床試驗與查驗登記審查重疊期間。」

完成日作爲國外臨床試驗期間之訖日，而不計算後續觀察、記錄及判讀實驗結果進而作成報告之期間[44]。此等行政機關與司法機關見解上之歧異，更衍生後續行政訴訟。

5. 最高行政法院：2018年專利權期間延長審查基準規範不當，應送請衛福部確認其為核發藥證所需之國外臨床試驗期間

有專利權人主張，智慧局依2018年專利權期間延長審查基準，於核准專利權延長期間時，就國外臨床試驗期間，僅計算至試驗完成日期，而未計算至報告日，有違前開最高法院判決意旨，遂向智慧商業法院提起行政訴訟。

智慧商業法院認同專利權人之主張，其認爲專利權期間延長審查基準僅是智慧局內部之解釋性規定，司法機關亦得依法表示不同之見解。而智慧商業法院認爲，由於申請新藥查驗登記時，皆必須檢附臨床試驗報告，以證實新藥之有效性及安全性，故專利權期間延長核定辦法第4條第1項所謂「國內外臨床試驗期間」，均應包含「實際執行臨床試驗期間」及「製作臨床試驗報告之期間」；因此，「國外臨床試驗期間」應爲試驗開始日至試驗報告日止。此外，2018年專利權期間延長審查基準採用ICH規範，惟ICH規範主要涉及臨床試驗報告書

[44] 2018年專利權期間延長審查基準：「以國外臨床試驗期間申請延長者，應說明國外臨床試驗計畫之重點，例如試驗計畫名稱、計畫編號、試驗藥品、試驗階段等，並記載符合ICH規範（International conference on harmonization of technical requirements for registration of pharmaceuticals for human use）之臨床試驗報告書所定義之試驗開始日期（study initiation date）及試驗完成日期（study completion date）作爲國外臨床試驗期間之起、訖日。」

之格式，與專利事務無涉，以該等規範中臨床試驗報告格式上之試驗完成日期作爲臨床試驗之訖日，並無合理依據。準此，專利權期間延長審查基準規定，以試驗完成日作爲國外臨床試驗期間之訖日，應非妥適[45]。

智慧局不服上開判決，並上訴至最高行政法院。不過，最高行政法院仍不認同專利權期間延長審查基準之規定，惟亦認爲智慧商業法院前開判決並非妥適。詳言之，最高行政法院闡釋，由於臨床試驗是爲取得藥證而進行，衛福部應爲決定國外臨床試驗期間之權責機關，故智慧局應送請衛福部確認其爲核發藥證所需之國外臨床試驗期間，專利權期間延長審查基準一概以試驗完成日期作爲國外臨床試驗期間之迄日，規範上應有不當。然而，由於原審智慧商業法院並未審酌衛福部核發藥證所需之國外臨床試驗期間爲何？衛福部所認可之國外臨床試驗期間爲何？逕將製作試驗報告之期間視爲臨床試驗期間的一部分，以此爲基礎計算延長專利之期間，亦有適用法規不當之違法，故發回智慧商業法院重爲判決[46]。

(二) 延長之範圍

專利法上雖有期間延長之規範，惟延長時並非專利案之全部申請專利範圍均予以延長，延長之範圍僅及於第一次許可證所載之有效成分及用途（即適應症）所限定之範圍[47]。因此，

---

[45] 智慧商業法院 109 年度行專訴字第 5 號行政判決。

[46] 最高行政法院 109 年度上字第 990 號判決。最高行政法院 108 年度上字第 1095 號、109 年度上字第 1045 號判決同此見解。

[47] 專利法第 56 條：「經專利專責機關核准延長發明專利權期間之範圍，僅及於許可證所載之有效成分及用途所限定之範圍。」

第一次許可證所記載之有效成分及用途，所未對應專利權之物、其他用途或製法，則不受專利權延長期間所及[48]。

然而，第一次許可證所記載之有效成分及用途，其究竟涵蓋哪些專利請求項？涉及專利權期間所延長之範圍，而此等範圍之解讀，如同專利權範圍一般，亦是專利侵權訴訟中，兩造所可能爭執者。

案例

阿斯特捷利康公司是臺灣第I229674號「新穎三唑並[4,5-d]嘧啶化合物、含彼等之醫藥組合物、其製備方法及用途」發明專利（下稱674專利）之專利權人，其第一次許可證爲衛署藥輸字第025691號之「百無凝膜衣錠90毫克」，活性成分爲「Ticagrelor」，首次核准之適應症爲「Brilinta與Aspirin併用，可減少急性冠心症（包括不穩定型心絞痛、非ST段上升型心肌梗塞或ST段上升型心肌梗塞）患者之栓塞性心血管事件的發生率。與Clopidogrel相比，Brilinta可以降低心血管死亡、心肌梗塞發生率。於中風事件上，兩者並無差異，對於接受經皮冠狀動脈介入治療者，Brilinta亦可減少支架栓塞的發生。Brilinta與Aspirin併用時，Aspirin維持劑量應避免每天超過100 mg。」

經2012年8月31日向智慧局申請674專利之期間延長後，智慧局於2016年3月17日核准延長，延長之範圍

[48] 專利法第56條立法理由。

爲「有效成分 Ticagrelor 適用於『與 Aspirin 併用，可減少急性冠心症（包括不穩定型心絞痛、非 ST 段上升型心肌梗塞或 ST 段上升型心肌梗塞）患者之栓塞性心血管事件的發生率』及其製法」，並經核准延長五年，原專利權期間 2019 年 11 月 18 日，故延長至 2024 年 11 月 18 日止。

2021 年 1 月，阿斯特捷利康公司針對生達公司之學名藥「清栓定膜衣錠 90 毫克」提出專利侵權訴訟時，主張 674 專利請求項 1、3 至 13 均爲延長後之範圍涵蓋。惟生達公司抗辯，674 專利僅有請求項 1、5 涵蓋有效成分 Ticagrelor，另僅有請求項 12、13 用於心肌梗塞及心絞痛，故僅有請求項 1、5、12、13 爲延長後之範圍涵蓋，並嘗試主張該等請求項有應撤銷之事由。

關於上開 674 專利延長之範圍爭議，訴訟中雙方持不同意見，智慧商業法院於本案因而審酌 674 專利請求項與第一次許可證有效成分及用途間之關連性，藉此判斷得以延長之請求項。其中，由於生達公司不爭執延長之範圍及於請求項 1、5、12、13，故法院僅針對請求項 3、4、6 至 11，逐一進行認定。

依 674 專利核准時施行之專利權期間延長審查基準相關規定，法院認爲，哪些請求項可予以延長，應確認哪些請求項有涵蓋藥證所載之有效成分及用途 [49]。

[49] 該基準 4.3 規定：「審查延長之申請案，必須確認第一次許可證所載之有效成分及用途涵蓋於該案之申請專利範圍內。若爲物之發明，則第一次許可證所載

詳言之，關於請求項 3 及 4，其為依附請求項 1 或 2 之化合物請求項（如下）：

1. 一種式 (I) 化合物

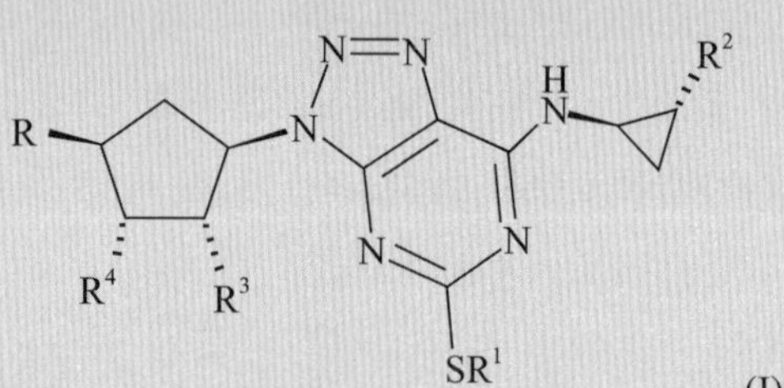

(I)

其中

R^1 是 C3-5 烷基，其係未經取代或為一個以上的鹵原子所取代；

R^2 是苯基，其係未經取代或為一個以上的氟原子所取代；

R^3 及 R^4 均是羥基；

R 是 XOH，其中 X 是 CH_2，OCH_2CH_2 或一鍵；或其藥學上可接受之鹽，

限制條件為：

當 X 是 CH_2 或一鍵，R^1 非丙基，

當 X 是 CH_2 且 R^1 是 $CH_2CH_2CF_3$，丁基或戊基，在 R^2 之苯基必須為氟所取代，

之有效成分須涵蓋於物之請求項範圍內，此處無須對應用途，若為用途發明，則第一次許可證所載之有效成分及特定用途須涵蓋於用途請求項範圍內。」

當 X 是 OCH_2CH_2 且 R^1 是丙基，在 R^2 之苯基必須為氟所取代。

2. 根據申請專利範圍第 1 項之化合物，其中 R^1 是 3,3,3- 三氟丙基，丁基或丙基。
3. 根據申請專利範圍第 1 或 2 項之化合物，其中 R^2 是苯基或 4- 氟苯基或 3,4- 二氟苯基。
4. 根據申請專利範圍第 1 或 2 項之化合物，其中 R 是 CH_2OH 或 OCH_2CH_2OH。

法院認為，請求項 3 及 4 有涵蓋「百無凝膜衣錠 90 毫克」之有效成分 Ticagrelor，而該等請求項為物之發明，而未以用途界定，故無須對應第一次許可證之「用途」。因此，請求項 3 及 4 與第一次許可證具有關連性，可據以延長。

關於請求項 6 記載「根據申請專利範圍第 1 或 2 項之化合物，可用於治療或預防血小板凝集失調症」，其界定所請化合物之用途為「治療或預防血小板凝集失調症」。法院認為，由於第一次許可證所載之用途，應屬請求項 6 中「治療或預防血小板凝集失調症」之下位概念。因此，請求項 6 涵蓋第一次許可證之有效成分及用途，與第一次許可證具有關連性，可據以延長。

同樣地，關於請求項 7、9 分別記載「根據申請專利範圍第 1 或 2 項之化合物，可用於治療或預防心肌梗塞，血栓性中風，暫時性絕血侵害，及／或周邊血管疾病」、「根據申請專利範圍第 1 或 2 項之化合物，其係用於製造用以治療或預防心肌梗塞，血栓性中風，暫時性絕血侵害及／或周邊血管疾病之藥物」，可見其界定所請化合物之用途均爲「治療或預防心肌梗塞，血栓性中風，暫時性絕血侵害，及／或周邊血管疾病」。法院認爲，由於第一次許可證所載之用途，應屬請求項7、9中「血栓性中風」或「暫時性絕血侵害」之下位概念。因此，請求項7、9涵蓋第一次許可證之有效成分及用途，與第一次許可證具有關連性，可據以延長。

然而，關於請求項8、10分別記載「根據申請專利範圍第1或2項之化合物，可用於治療或預防不穩定或穩定心絞痛」、「根據申請專利範圍第1或2項之化合物，其係用於製造用以治療或預防不穩定或穩定性心絞痛之藥物」，其界定所請化合物之用途均爲「治療或預防不穩定或穩定心絞痛」。法院認爲，由於第一次許可證所載之用途，並非屬請求項8、10中「治療或預防不穩定或穩定心絞痛」之下位概念。因此，請求項8、10並不涵蓋第一次許可證之用途，與第一次許可證不具關連性，不可據以延長。

至於請求項11記載「一種用於治療或預防血小板凝集失調症之醫藥組合物，其含有根據申請專利範圍第1至5項中任一項之化合物，並組合以藥學上可接受之稀釋劑、佐劑及／或載劑」，可見其界定所請化合物之用途爲「治療或預防血小板凝集失調症」。法院認爲，由於第一次許可證所載之用途，應屬請求項11中「治療或預防血小板凝集失調症」之下位概念。因此，請求項11涵蓋第一次許可證之有效成分及用途，與第一次許可證具有關連性，可據以延長。

綜上，智慧商業法院因而認爲，關於雙方所爭議之請求項

3、4、6至11中，請求項3、4、6、7、9、11均有經合法延長[50]。

四、別忘了登載新藥專利

除了選擇適當的專利保護型態，並妥適維護權利人、專利權期間等權利狀態，我國在2019年實施專利連結制度（patent linkage）[51]，亦是藥商確保相關權利之重要機制。

詳言之，專利及藥品業務原本應分屬由不同主管機關所職掌，二者各司其職、互不干涉（例如在我國是由智慧局作爲專利專責機關，衛福部則是負責藥品之衛生主管機關）。雖然，智慧局准予專利時，同時會將該等專利公告之[52]；不過，若要確認某一藥品受到哪些專利保護，相關資料仍屬有限，因此專利連結制度連結新藥與專利資訊之揭露、以及學名藥上市審查程序與其是否侵害新藥專利之狀態。據此，藥品與其對應之專利權大致上均將清楚揭露，有助於提升藥商確認專利資訊之便

---

[50] 智慧商業法院110年度民專訴字第11號民事判決。

[51] 2016年8月5日，我國行政院因應臺美貿易暨投資架構協定（Trade and Investment Framework Agreement, TIFA）等貿易談判，提出「藥事法」部分條文修正草案，其中參酌美國、加拿大及韓國相關醫藥法律，於我國建立「專利連結（patent linkage）」制度；上開「藥事法」部分條文修正草案，2018年1月31日經總統令公告藥事法修訂新增第四章之一「西藥之專利連結」後，行政院核定於2019年8月20日正式施行。立法院議案關係文書（2016），《院總第775號政府提案第15693號》，頁政171-172；2018年1月31日總統華總一義字第10700009771號令；2019年8月6日院臺衛字第1080025868號令。

[52] 專利法第47條第1項規定：「申請專利之發明經審查認無不予專利之情事者，應予專利，並應將申請專利範圍及圖式公告之。」

利性，大幅降低專利檢索之負擔[53]；同時，該等制度賦予專利權人可以在學名藥上市前，釐清專利侵權爭議之機會，將專利侵權訴訟之戰場，大幅提前至學名藥查驗登記申請之階段。如此一方面有助於醫藥專利權之行使，另一方面則避免學名藥上市後因專利侵權爭議而衍生公共衛生醫療之疑慮。

具體細節上，專利連結制度可分爲四大機制：專利資訊之登載、專利聲明、通知及暫停核發藥證、及銷售專屬期間，我國藥事法第四章之一即是依此等機制加以明文規範。

(一) 專利資訊之登載

新藥藥商揭露專利資訊，乃專利連結制度之首要步驟。過去藥事法雖有規定衛福部核發新藥藥證時，應公開藥證申請人所檢附之專利號[54]，惟該等規範不僅未規範所應公開之專利類型，亦未搭配其他機制，新藥藥證申請人公開專利資訊之意願自然不高；而學名藥藥商提出查驗登記時雖應檢附「切結書（甲）」[55]，先行查證有無專利權或其他智慧財產權之侵害情事，不過由於並未充分揭露新藥專利資訊，學名藥藥商自然亦難以具體切結未侵害專利權，或踐行侵權之查證工作，學名藥上市後涉及專利權侵害之可能性因而大幅升高，更影響醫療院

---

[53] WHO, WIPO & WTO, *Promoting Access to Medical Technologies and Innovation: Intersections between public health, intellectual property and trade (second edition)* 77-78 (2020), https://www.wto.org/english/res_e/booksp_e/who-wipo-wto-2020_e.pdf (last visited May 14, 2022).

[54] 藥事法第 40 條之 2 第 1 項：「中央衛生主管機關於核發新藥許可證時，應公開申請人檢附之已揭露專利字號或案號。」

[55] 藥品查驗登記審查準則第 40 條。

所之採購，以及病患醫療之權益[56]。

專利連結制度下，專利資訊之公開即有相對細緻之要求。新藥藥商領取藥證後 45 日內，應提報與核准藥品有關之物質、組合物或配方及醫藥用途發明專利資訊；不過，不得提報製程、中間體、代謝物或包裝相關專利。其中，物質、組合物或配方發明專利權，提報時僅需敘明專利證書號數；惟醫藥用途專利權於提報時，除專利證書號數以外，應一併敘明請求項項號，及各項號對應至藥證所記載之適應症。倘若新藥藥商於前揭期間經過後，又另行取得相關專利權，則得自專利審定公告後 45 日內提報之。倘若專利資訊提報後，有專利權期間延長、請求項更正、專利權經撤銷確定、專利權當然消滅、專利權人資訊異動等情事，爲維護專利資訊之正確性，新藥藥商應自相關情事發生後 45 日內，辦理專利資訊之變更或刪除[57]。

觀察上開規定，不難發現專利資訊之揭露主要是由新藥藥商所踐行。不過，倘若有專利資訊登載是否適當之疑慮，大衆則有表示意見之機會。倘若任何人發現新藥所揭露之專利資訊與藥品無關、不具登載適格性（亦即非屬物質、組合物或配方、或醫藥用途專利權，或屬製程、中間體、代謝物或包裝專利權等情形）、專利資訊有錯誤等情事，得通知衛福部，由衛福部轉知新藥藥商，再由新藥藥商自收受該通知後 45 日內，回覆意見予衛福部，同時得視情形辦理專利資訊之變更或

---

[56] 立法院議案關係文書（2016），《院總第 775 號 政府提案第 15693 號》，頁政 173。

[57] 藥事法第 48 條之 3 至第 48 條之 6 及立法理由、西藥專利連結施行辦法第 3 條第 3 項及第 5 條第 2 項。

刪除[58]。

關於上開新藥藥商所提報之專利資訊，以及大衆檢視所提供之意見、新藥藥商之回覆等，均公開於衛福部所建立之西藥專利連結登載系統[59]。

(二) 專利聲明

新藥藥商所提報之專利權，理論上爲與新藥有關之專利權，因此學名藥藥商申請藥證時，應逐一就對照新藥登載之專利權擇一爲下列聲明：

1. 該新藥未有任何專利資訊之登載（下稱 P1 聲明）；
2. 該新藥對應之專利權已消滅（下稱 P2 聲明）；
3. 該新藥對應之專利權消滅後，始由衛福部核發藥證（下稱 P3 聲明）；或
4. 該新藥對應之專利權應撤銷，或申請藥證之學名藥未侵害該新藥對應之專利權（下稱 P4 聲明）[60]。

學名藥藥商提出 P1 聲明或 P2 聲明時，即表示該新藥已無專利權或專利權已消滅，准予學名藥上市應無涉專利侵權爭議，故衛福部審查學名藥符合藥事法相關規定後，即可核發學名藥藥證[61]。

倘若學名藥藥商提出 P3 聲明，則表示該學名藥上市可能涉及專利侵權爭議，學名藥藥商因而同意於專利權消滅後始取

---

[58] 藥事法第 48 條之 7 及立法理由。

[59] 藥事法第 48 條之 8 及立法理由；我國西藥專利連結登載系統平台，同前註 8。

[60] 藥事法第 48 條之 9 及立法理由。

[61] 藥事法第 48 條之 10 及立法理由。

得藥證，再爲學名藥之製造、輸入或販賣，衛福部即會依此等時程核發學名藥藥證[62]。

然而，倘若學名藥藥商認爲該新藥對應之專利權應撤銷，或其學名藥並未落入該專利權，而提出 P4 聲明，如此將有後續專利連結制度相關機制之適用，並可能進一步引發專利侵權訴訟。

(三) 通知及暫停核發藥證

學名藥藥商提出 P4 聲明時，是認爲對照新藥之專利權應予以撤銷或學名藥並未侵害新藥專利權，因而擬於專利權消滅前上市。爲提前釐清專利侵權疑義，學名藥藥商應於衛福部通知其藥證申請資料齊備後 20 日內，以書面通知新藥藥商、專利權人、專屬被授權人及衛福部，就主張專利權應撤銷或未侵害新藥專利權之情事，敘明理由及附具證據[63]。關於理由及證據之詳細程度，目前僅有規定相關理由應「逐一敘明」[64]，惟逐一敘明仍是不確定之概念，迄待實務上相關發展；觀察目前實務上操作，倘若專利權人認爲該等通知內容不足以供其判斷學名藥是否侵害其專利權，抑或不足以供訴訟上舉證，專利權人會尋求民事訴訟中證據保全之程序，或於訴訟上聲請調查證據（詳後述）。

其後，專利權人或專屬被授權人一經接獲上開通知，45 日內得提出專利侵權訴訟，衛福部則應自學名藥藥商通知到

---

[62] 藥事法第 48 條之 11 及立法理由。

[63] 藥事法第 48 條之 12 及立法理由。

[64] 西藥專利連結施行辦法第 11 條第 1 項。

達新藥藥商後 12 個月內，暫停核發學名藥藥證，但仍會繼續藥證審查工作，專利權人或專屬被授權人未於 45 日內提出專利侵權訴訟、未依登載之專利權提出訴訟，或於前開 12 個月期間內專利侵權訴訟遭法院裁定駁回、學名藥藥商取得勝訴判決、提出 P4 聲明之所有專利權經專利專責機關作成舉發成立審定書、新藥藥商及學名藥藥商成立和解或調解、提出 P4 聲明之所有專利權權利當然消滅，亦即有權利人怠於主張專利權，或侵權爭議獲初步釐清而有風險降低之情事時，縱使 12 個月期間尚未屆至，衛福部仍得核發學名藥藥證[65]。

惟爲避免 12 個月期間後，學名藥藥商始能夠取得藥證，並向中央健康保險署申請藥品收載及支付價格核價，如此可能會因相關審查會議安排均須時間，導致學名藥上市時程遭受延宕，限制藥品近用，故提出 P4 聲明之學名藥藥證申請案，衛福部完成審查程序後，即會通知學名藥藥商，其藥品安全性及療效已通過審查，俾利學名藥藥商得申請藥品收載及支付價格核價[66]。

(四) 銷售專屬期間

爲鼓勵學名藥藥商從事研發或專利迴避設計，進而爲 P4 聲明，挑戰經登載之專利權，故提出 P4 聲明之學名藥藥商中，申請資料齊備日最早者，自其實際銷售日起有 12 個月之銷售專屬期間；該期間內，市場中原則上僅會存在原廠新藥及

---

[65] 藥事法第 48 條之 13 及立法理由。

[66] 藥事法第 48 條之 15 及立法理由。

該學名藥，學名藥藥商則享有充分利基，回收先前挑戰所投入之成本。此外，爲盡可能確保銷售專屬期間之利益，倘若申請資料齊備日最早之學名藥藥證申請案，有未準備充分、或有失鼓勵研發或專利迴避設計目的之情形，例如變更所有 P4 聲明、未於 12 個月內取得審查程序完成之通知、或新藥藥商取得勝訴確定判決，此時銷售專屬期間則會遞補由申請資料齊備日在後之申請人取得[67]。

惟若前述 12 個月經過後，取得銷售專屬期間之學名藥藥商未將藥品上市，例如未於應領取藥證之期間內領取，或未於領取藥證後 6 個月內銷售，致使銷售專屬期間無從起算，此時即構成銷售專屬期間之消滅事由。此外，倘若新藥之專利權當然消滅者，此時藥品已無登載之專利權，亦構成銷售專屬期間消滅事由，衛福部即不受銷售專屬期間之限制，而得核發學名藥藥證予其他申請人[68]。

(五) 專利連結制度之適用範圍

由上開四大機制之說明，可見專利連結制度之適用，圍繞於新藥與學名藥間；惟此等制度下，新藥與學名藥所指爲何，即影響制度適用之範圍。新藥之定義涉及具有提報專利資訊適格性之主體，學名藥之定義則涉及藥證申請時應釐清專利侵權疑義、並提出專利聲明之主體，部分藥品更可能有同時適用二方制度之需要，抑或完全不需適用，茲說明如下。

---

[67] 藥事法第 48 條之 16 至第 48 條之 17 及立法理由。

[68] 藥事法第 48 條之 18 及立法理由。

1. 新藥以新成分、新療效、新複方或新使用途徑製劑之藥品為限

如前所述，新藥藥商揭露專利資訊將開啓專利連結制度之適用。然而，我國醫藥實務上，尚有「新藥一」及「新藥二」之習慣用語。「新藥一」是指藥事法第 7 條所訂之新成分、新療效、新複方或新使用途徑製劑等藥品；「新藥二」則是指依藥品查驗登記審查準則第39條第2項規定，準用該準則中「新藥一」相關規定之新劑型、新使用劑量、新單位含量製劑等藥品，不過，新劑型、新使用劑量、新單位含量製劑等藥品在藥事法中並無定義。

此等我國藥事法對於新藥定義規範之不足[69]，導致醫藥實務所區分之二種新藥型態，衍生我國專利連結制度適用上之疑義。法律規範上，西藥專利連結施行辦法第 16 條第 1 項規定採最狹義之解釋，限縮適用專利連結制度之新藥僅有新藥一，不包括新藥二。

惟實務運作上，專利連結制度施行後，開放制度施行前已通過查驗登記審查之新藥藥商於三個月內提報專利資訊[70]，故有部分取得新藥二藥證之藥商仍有提報專利資訊，並經西藥專

---

[69] 2017 年 9 月 21 日，行政院會通過「藥事法」部分條文修正草案，修正條文第 7 條規定：「本法所稱新藥，指經中央衛生主管機關審查認定，屬新成分、新療效、新複方、新使用途徑製劑或其他劑型、單位含量、劑量與國內已核准製劑不同之藥品。」其立法理由即是擬盡可能涵蓋新藥一及新藥二之藥品型態，促進藥事法藥品定義之完整性，惟該等修正草案尚未經立法院三讀通過。詳參：行政院，〈行政院會通過「藥事法」部分條文修正草案〉，https://www.ey.gov.tw/Page/9277F759E41CCD91/82840bf1-718b-46a6-b48b-1bb238298616（最後瀏覽日：2022 年 6 月 1 日）。

[70] 藥事法第 48 條之 21 及立法理由。

利連結登載系統程式自動判讀而准予登載；嗣後衛福部以人工調查發現上情，遂撤銷並刪除該等專利資訊之登載。藥商因而提起行政訴訟，請求回復原狀，並主張藥品查驗登記程序上，向來肯認新藥二亦屬新藥；惟行政法院仍駁回藥商上開請求，認爲藥事法第 7 條所定義之新藥，於專利連結制度施行後，並無任何改變，且因新藥二並非藥事法第 7 條所稱之新藥，查驗登記審查文件亦有將新藥一及新藥二予以分列之情形，故藥品查驗登記審查準則第 39 條第 2 項規定，新藥二準用新藥一之相關規定，而非規定直接適用，由此可知適用專利連結制度之新藥應以藥事法第 7 條所定之新藥一爲限[71]。而最高行政法院是否會維持此等見解，誠值關注。

2. 新療效、新複方及新使用途徑製劑同時扮演新藥及學名藥之角色

我國適用專利連結制度之新藥中，除新成分新藥以外，尚包含新療效複方製劑及新使用途徑製劑；而所謂新療效複方製劑，可再區分爲新療效製劑及新複方製劑。新療效製劑是指「已核准藥品」具有新適應症、降低副作用、改善療效強度、改善療效時間或改變使用劑量之新醫療效能；新複方製劑是指二種以上「已核准成分」之複方製劑具有優於各該單一成分藥品之醫療效能；而新使用途徑製劑則是指「已核准藥品」改變其使用途徑者[72]。易言之，該等新藥均是基於「已核准藥品」或「已核准成分」再進行試驗後，因其具新醫療效能或新

---

[71] 臺北高等行政法院 110 年度訴字第 824 號、110 年度訴字第 1048 號判決。

[72] 藥事法施行細則第 2 條。

使用途徑，再另行取得新藥藥證，此等新藥就自己研發成果可能有部分技術受專利保護以外，亦可能因基於「已核准藥品」或「已核准成分」再進行試驗，而有需留意專利侵權疑義之必要。

據此，新療效、新複方及新使用途徑製劑，除取得藥證後，有適用新藥藥商專利資訊提報之規定以外，其提出藥證申請時，仍有必要依學名藥藥商之規定，進行專利聲明及通知，並依其聲明可能會限制衛福部於一定期間內暫停核發藥證，並釐清專利侵權疑義；惟因銷售專屬期間是對於學名藥藥商之獎勵，且新療效、新複方及新使用途徑新藥均得提報其專利資訊，其後之學名藥藥商仍有適用通知、暫停核發藥證等規定，進而得以充分保護新療效、新複方及新使用途徑製劑之專利權，故倘若該等新藥提出 P4 聲明，並無法享有銷售專屬期間之利益[73]。

另應予留意者爲，關於新複方製劑，由於其是涉及二種以上「已核准成分」之複方製劑，因此申請藥證時，新複方製劑應就其所涉及之複數對照新藥，釐清專利侵權狀態，逐一針對所有對照新藥所登載之專利資訊進行專利聲明，倘若涉及 P4 聲明，即應通知所有對照新藥藥商及專利權人，專利權人並均得於 45 日內提起專利侵權訴訟。例如過去曾有藥商提出新複方製劑「脂可妥錠 10/20 毫克；脂可妥錠 10/10 毫克」（下稱脂可妥錠藥品）之藥證申請，並同時以複數新藥作爲對照新藥，包含「衛署藥輸字第 024058 號『怡妥錠 10 公絲』」及「衛

[73] 藥事法第 48-20 條及立法理由。

署藥輸字第024131號『冠脂妥膜衣錠10毫克』、衛署藥輸字第024129號『冠脂妥膜衣錠20毫克』」。該等新藥所登載專利資訊之專利權人遂分別提起專利侵權訴訟，並由智慧商業法院分爲二案審理，作成110年度民專訴字第4號、110年度民專訴字第9號民事判決。

3. 生物相似性藥準用學名藥藥證申請之相關規定

學名藥是與對照新藥具同成分、同劑型、同劑量、同療效之製劑[74]，惟生物藥品結構龐大複雜，以生物藥品爲參考藥品之生物相似性藥無法如學名藥一般證明與生物藥品完全相同，而僅能夠顯示二者品質、藥理毒性、藥動藥效學及臨床等高度相似[75]，故其性質上與學名藥有所不同。

惟生物相似性藥研發過程亦有與學名藥相同之情形及考量，亦即二者均有應避免專利侵權之必要性，故我國專利連結制度仍要求生物相似性藥應準用學名藥藥證申請之專利連結制度相關規定，惟專利連結制度施行前經核准施行臨床試驗者，則無需適用[76]。

---

[74] 藥品查驗登記審查準則第4條第2款。

[75] 陳紀勳、詹明曉，〈生物相似性藥品之臨床審查考量〉，《當代醫藥法規月刊》，第92期，https://www.cde.org.tw/Content/Files/Knowledge/261d7ce7-9197-4a52-88c2-2fc55e438f1e.pdf（最後瀏覽日：2022年7月19日）。

[76] 西藥專利連結施行辦法第16條第3項。

4. 免除適用：適應症排除、新藥藥商及學名藥藥商相同、學名藥藥商取得專利權人授權、對照新藥藥證遭撤銷、廢止或註銷

針對部分例外情形，學名藥上市通常不存在專利侵權疑義者，我國專利連結制度免除該等學名藥適用相關規範之需要。

(1) 免除部分學名藥規定之適用

首先，學名藥藥證申請實務上，允許學名藥排除（carve out）對照新藥之部分適應症，藉以避免專利侵權爭議。易言之，學名藥藥商可以請求僅於藥證上記載不涉專利保護之適應症，排除仍受專利保護之適應症，進而避免上市的學名藥侵害新藥專利權；因此，專利連結制度下，豁免此等藥證申請案適用暫停核發藥證及銷售專屬期間相關規定。惟考量專利權之請求項文字未必能直接對應藥證中用字精準及清楚之適應症，且專利侵權應由法院判斷，故縱使學名藥藥商排除受專利保護之適應症，惟日後仍可能因專利權中請求項文字解釋而有不同結果或有侵權疑慮，故學名藥藥商排除適應症，仍應爲不侵害專利權之聲明，並通知新藥藥商、專利權人、專屬被授權人及衛福部[77]。

應予留意者爲，透過上開適應症排除，免除部分專利連結制度之適用，僅限於已登載專利資訊均爲醫藥用途專利權之情形；惟若專利資訊同時涉及物質、組合物或配方發明之專利權，則無從採取前述適應症排除之做法[78]。

[77] 藥事法第48-20條及立法理由。

[78] 同前註。

(2) 免除全部學名藥規定之適用

專利連結制度目的之一乃在於降低學名藥上市後專利侵權之可能，避免影響病患用藥權益；惟倘若申請學名藥之藥商與新藥藥商相同、學名藥藥商已取得專利權人授權，此時專利侵權之可能性應相對較低，故學名藥藥商提出藥證申請時，附具相關證據，即毋庸提出專利聲明。此外，倘若對照新藥藥證非因藥品安全性或療效之原因遭撤銷、廢止或註銷，新藥藥證已不存在，故學名藥並無專利聲明之對象，故此時亦毋庸提出該等聲明[79]。

由於上述三種情形，學名藥藥商並無提出專利聲明之義務，故無從啓動後續暫停核發藥證期間及銷售專屬期間，而免除專利連結制度下全部學名藥相關規定之適用。

[79] 西藥專利連結施行辦法第9條及立法理由。

參、訴訟開啓

醫藥專利權人儲備專利權相關武器後，常見權利行使方式之一，即是透過專利訴訟，請求法院禁止侵權人之侵權行為，並請求一定之損害賠償。就此，本章將說明實務上開啓訴訟之做法；此外，司法院 2022 年 6 月 22 日通過「智慧財產案件審理法」（下稱智審法）修正草案，嗣後又於 2022 年 9 月 29 日經行政院通過，將送立法院審議，針對部分訴訟程序之進行，有相關調整[1]，本章將一併介紹。

一、去哪個法院告

因應國際智慧財產保護之潮流，並促進智慧財產案件審理之專業性及效率，我國在 2008 年 7 月 1 日成立「智慧財產法院」，隨後在 2020 年 7 月 1 日將商業法院併入智慧財產法院，更名為「智慧財產及商業法院」（本文統一用「智慧商業法院」來代表智慧財產法院或智慧財產及商業法院）。因此，近十多年來，絕大多數之專利侵權訴訟案件均在智慧商業法院進行審理；在其他地方法院提起專利訴訟，則有可能移送於智慧

[1] 司法院，營業秘密強化保護，護國群山安心發展—司法院通過《智慧財產案件審理法》修正草案，https://www.judicial.gov.tw/tw/cp-1887-664467-a7323-1.html（最後瀏覽日：2022 年 7 月 19 日）；行政院，提升產業國際競爭優勢　政院通過「智慧財產及商業法院組織法」部分條文修正草案、「智慧財產案件審理法」修正草案，https://www.ey.gov.tw/Page/9277F759E41CCD91/2d537a00-1e25-4f5f-bc6d-f33674e6074d（最後瀏覽日：2022 年 9 月 30 日）。

商業法院[2]。此外，由於智慧商業法院有較多的專利權侵害之相關判決，審理模式較具安定性；因此，在多數案件，專利權人會選擇向智慧商業法院提起民事訴訟。

不過，由於專利侵權訴訟具有技術與法律專業特性，爲確保專業審判目的及維持訴訟程序安定性，依智審法草案第9條之規定，未來專利侵權訴訟，除非有當事人合意或被告不抗辯法院無管轄權，而得由其他法院管轄的情形以外，應專屬由智慧商業法院管轄[3]。換言之，倘若專利權人向其他法院起訴，其他法院原則上應移送於智慧商業法院。

智慧商業法院多年來專注於處理智慧財產相關案件，自2008年第三季至2022年第二季止，已受理1,773件專利爭議，其中已終結1,720件[4]，相關審理經驗更持續成長中。

二、怎麼進行

依目前智慧商業法院之做法，原告將起訴狀遞送至法院提起訴訟後，法院會先行審查相關程序事項，例如法院是否有管轄權而可以受理訴訟、當事人之身分及是否有合法委任訴訟代

[2] 例如，臺灣臺北地方法院107年度智字第7號民事裁定、臺灣新竹地方法院106年度智字第1號民事裁定。

[3] 智審法草案第9條第1項：「智慧財產及商業法院組織法第三條第一款、第五款所定之第一審民事事件，專屬智慧財產法院管轄，且不因訴之追加或其他變更而受影響。但有民事訴訟法第二十四條、第二十五條所定情形時，該法院亦有管轄權。」

[4] 智慧商業法院，智慧財產法庭民事第一審專利訴訟事件收結及終結情形，https://ipc.judicial.gov.tw/tw/dl-62118-977ab73e34cb4e089860191846336aa4.html（最後瀏覽日：2022年8月8日）。

理人、裁判費是否繳足等。倘若有欠缺，法院通常會先命原告於一定期間內先行補正，若未遵期補正，法院則會裁定駁回訴訟。

法院確認程序合法後，即會將原告之起訴狀繕本轉送予被告，要求被告提出答辯狀並進行爭點整理，亦即表明對於原告的主張，哪些部分不爭執（例如原告爲專利權人、專利權期間之起訖日）？哪些部分爭執（例如申請專利範圍如何解釋、引證可以證明專利無效、被控侵權品並未落入專利權範圍、損害賠償如何計算）。不過，被告可能會先針對程序事項進行主張（例如主張裁判費核算有疑慮，故原告應再繳納更高的裁判費），或在外國原告之情形聲請訴訟費用擔保[5]，法院視情形會先爲裁判，決定程序上是否合法。

另外，在進行實體審理前，爲促進雙方解決紛爭，法院通常會先詢問雙方是否有調解意願，倘若雙方均有調解意願，可以先安排調解程序，由法院指派或當事人建議之調解委員主持調解。倘若雙方透過調解，達成解決紛爭方案的共識，此時則得以調解筆錄，記載達成合意之相關條件[6]，毋庸再進行訴訟。而若任一方未遵循相關調解條件，他方則得以調解筆錄作爲強制執行之基礎，聲請強制執行，故此與法院判決有相同之效力[7]。

[5] 訴訟費用擔保制度請參本章第六節的說明，頁70以下。

[6] 民事訴訟法第421條第3項：「調解成立者，應於十日內以筆錄正本，送達於當事人及參加調解之利害關係人。」

[7] 強制執行法第4條第1項：「強制執行，依左列執行名義爲之：一、確定之終局判決。……三、依民事訴訟法成立之和解或調解。」

若任一方不同意調解，或者調解未能成立，法院則會開始進行實體審理。詳言之，首先爲協助法官熟悉個案所涉的技術內容，以及釐清技術爭議，法院會指派技術審查官[8]協助法官，其角色較類似法官與當事人間技術知識的橋樑，向法官針對當事人之技術提供建議[9]。

此外，被告提出答辯後，法院視情形會再要求原告提出爭點整理書狀，並偕同當事人訂定審理計畫，確認是否需要聲請調查證據及調查方法，以及審理期日。

審理過程中，雙方有依程序進行適時提出攻防方法的義務；倘若意圖延滯訴訟，或因重大過失，逾時提出攻防方法，有礙訴訟終結時，法院得駁回之[10]。而當雙方攻防成熟時，法院即會宣判，並作成判決。

整體的法院審理過程，可見以下流程圖[11]。

---

[8] 技術審查官之詳細職務內容可參智慧財產案件審理細則第13條之規定。

[9] 最高法院100年度台上字第2254號民事判決：「智慧財產權之審定或撤銷，涉及跨領域之科技專業知識，智慧財產法院依智慧財產法院組織法第十五條第四項及智慧財產案件審理法第四條之規定，配置有技術審查官，使其受法官之指揮監督，依法協助法官從事案件之技術判斷，蒐集、分析相關技術資料及對於技術問題提供意見。」

[10] 民事訴訟法第196條：「（第1項）攻擊或防禦方法，除別有規定外，應依訴訟進行之程度，於言詞辯論終結前適當時期提出之。（第2項）當事人意圖延滯訴訟，或因重大過失，逾時始行提出攻擊或防禦方法，有礙訴訟之終結者，法院得駁回之。攻擊或防禦方法之意旨不明瞭，經命其敘明而不爲必要之敘明者，亦同。」

[11] 亦可參智慧商業法院，民事訴訟審理模式，https://ipc.judicial.gov.tw/tw/cp-325-3992-63088-091.html（最後瀏覽日：2022年7月29日）。

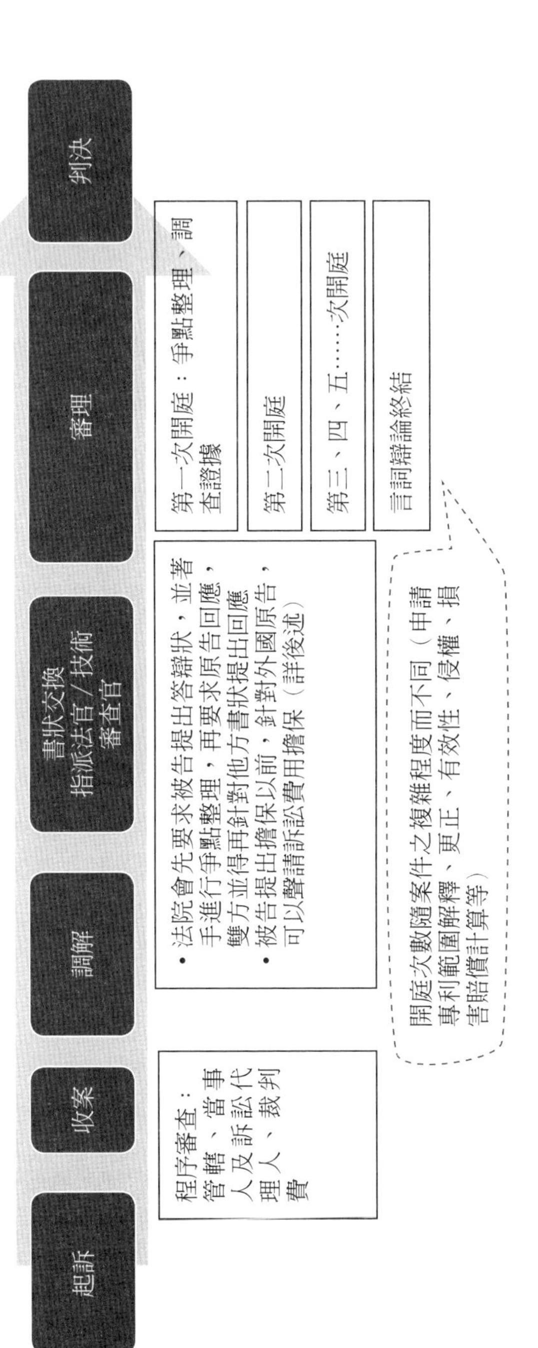
起訴
收案
調解
書狀交換
指派法官／技術審查官
審理
判決
程序審查：管轄、當事人及訴訟代理人、裁判費
‧法院會先要求被告提出答辯狀，並著手進行爭點整理，再要求原告回應，雙方並得再針對他方書狀提出回應
‧被告提出擔保以前，針對外國原告，可以聲請訴訟費用擔保（詳後述）
第一次開庭：爭點整理、調查證據
第二次開庭
第三、四、五……次開庭
言詞辯論終結
開庭次數隨案件之複雜程度而不同（申請專利範圍解釋、更正、有效性、侵權、損害賠償計算等）

一審法院審理完畢後，不服之一方得提起上訴。其他民事案件通常在地方法院進行一審程序後，二審程序由高等法院進行；不過，專利侵權訴訟程序特殊之處在於，智慧商業法院除了作爲一審法院，同時亦擔任二審法院之角色，故不服之一方提起上訴時，仍會在智慧商業法院進行二審程序。整體上，二審程序與一審程序大致相同；不同之處主要在於，二審會由三位法官組成的合議庭進行審判，惟實務上通常先由一位法官（受命法官）進行準備程序，確認所需調查之證據、釐清爭點並聆聽雙方爭執後，最後再由當事人於合議庭進行言詞辯論。

二審法院審理完畢後，不服之一方主張之利益超過新臺幣150萬元時[12]，得再向最高法院提起上訴。由於專利侵權訴訟中，專利權人往往會請求被控侵權人應停止侵權行爲，而不得再實施其專利權，此等請求權之價值通常難以衡量，故依民事訴訟法第77條之12之規定，法院會以上訴最高法院之利益數額加計十分之一進行計算[13]，進而核定爲165萬元；因此，專利訴訟所涉利益通常均會高於150萬元，不得上訴第三審之情形較爲少見。

最高法院會由五位法官組成合議庭，原則上僅審酌二審判

[12] 民事訴訟法第466條：「（第1項）對於財產權訴訟之第二審判決，如因上訴所得受之利益，不逾新台幣一百萬元者，不得上訴。（第3項）前二項所定數額，司法院得因情勢需要，以命令減至新台幣五十萬元，或增至一百五十萬元。」司法院91年1月29日（91）院臺廳民一字第03075號函，業已將上訴第三審之利益額數提高爲新臺幣150萬元。

[13] 民事訴訟法第77條之12：「訴訟標的之價額不能核定者，以第四百六十六條所定不得上訴第三審之最高利益額數加十分之一定之。」

決有無違背法令之情事[14]，而不再次認定事實[15]；因此，提出上訴時，上訴狀應明確說明二審判決違背法令之情事[16]。由於最高法院僅審酌法律適用之疑義，原則上僅會以雙方所提書狀進行判斷，不會開庭進行言詞攻防的程序；不過，倘若有必要，最高法院仍會針對法律爭點舉行開庭，最後才作成裁判[17]。最高法院之裁判維持下級審的判決時，判決始告確定，而得據以強制執行[18]。

三、誰可以提起訴訟

依專利法之規定，專利權人及專屬被授權人可以提起訴訟[19]，且縱使專利權人爲專屬授權後，爲保護其專利權之完整

---

[14] 民事訴訟法第 467 條：「上訴第三審法院，非以原判決違背法令爲理由，不得爲之。」

[15] 民事訴訟法第 476 條第 1 項：「第三審法院，應以原判決確定之事實爲判決基礎。」

[16] 民事訴訟法第 470 條第 2 項：「上訴狀內，應記載上訴理由，表明下列各款事項：

一、原判決所違背之法令及其具體內容。

二、依訴訟資料合於該違背法令之具體事實。

三、依第四百六十九條之一規定提起上訴者，具體敘述爲從事法之續造、確保裁判之一致性或其他所涉及之法律見解具有原則上重要性之理由。」

[17] 最高法院，民事案件審理程序，https://tps.judicial.gov.tw/tw/cp-1185-33703-a4684-011.html（最後瀏覽日：2022 年 7 月 29 日）。

[18] 強制執行法第 4 條第 1 項，同前註 7。

[19] 專利法第 96 條：「（第 1 項）發明專利權人對於侵害其專利權者，得請求除去之。有侵害之虞者，得請求防止之。（第 2 項）發明專利權人對於因故意或過失侵害其專利權者，得請求損害賠償。（第 3 項）發明專利權人爲第一項之請求時，對於侵害專利權之物或從事侵害行爲之原料或器具，得請求銷毀或爲其他必要之處置。（第 4 項）專屬被授權人在被授權範圍內，得爲前三項之請求。但契約另有約定者，從其約定。」。

性及不受侵害之法律上利益，亦不因而喪失排除侵害或損害賠償請求權[20]。

不過，在「威而鋼膜衣錠」所涉及之372專利一連串訴訟中，曾有被控侵權人嘗試抗辯，專利權人專屬授權予第三人後，僅有專屬被授權人可以提起訴訟，專利權人應無權再提起訴訟，故該案以專利權人爲原告提起訴訟，而非專屬被授權人爲原告，應非適法而應予駁回。法院雖然並未接受該等抗辯，不過認爲就損害賠償請求權而言，專屬授權後，專利權實施之利益於授權範圍內應歸屬於專屬被授權人，而專屬被授權人得依專利法所規定之損害賠償計算方式（即所受損害暨所失利益、侵害行爲所得利益、合理權利金）[21]計算其損害，專利權人僅得依約或證明受有授權範圍以外之損害而請求賠償；不過，由於該案專利權人與專屬被授權人間，如一般集團內授權安排並無權利金約定，專利權人即無因侵權行爲而受有權利金之損害，故專利權人依法無從請求損害賠償[22]。

四、需要委任律師作為代理人嗎

依目前專利侵權民事訴訟相關規範，一審及二審程序均無

---

[20] 2011年專利法第96條修法理由。

[21] 專利法第97條第1項：「前條請求損害賠償時，得就下列各款擇一計算其損害：

一、依民法第二百十六條之規定。但不能提供證據方法以證明其損害時，發明專利權人得就其實施專利權通常所可獲得之利益，減除受害後實施同一專利權所得之利益，以其差額爲所受損害。

二、依侵害人因侵害行爲所得之利益。

三、依授權實施該發明專利所得收取之合理權利金爲基礎計算損害。」

[22] 最高法院107年度台上字第2359號、108年度台上字第975號民事判決。

強制要求委任律師，僅有三審程序有此等要求[23]。

不過，依智審法草案第10條第1項之規定，未來專利侵權訴訟，原告、被告雙方自第一審開始，原則上即應委任律師爲訴訟代理人[24]。而依智審法草案第16條第1項之規定，經審判長許可，亦得委任專利師爲訴訟代理人[25]。

醫藥專利訴訟雖然較少未委任律師之情形，不過上開變革主要影響之一，會在於訴訟費用之負擔。依目前民事訴訟制度，一審及二審程序委任律師之相關費用，原則上並非屬訴訟費用，僅有三審程序之律師酬金得計入訴訟費用[26]；因此，最終敗訴之一方[27]，通常而言不須負擔勝訴一方之一審及二審程序律師酬金，僅須負擔三審程序之律師酬金，司法院並訂有法院選任律師及第三審律師酬金核定支給標準，以明確訂定律師酬金之計算[28]。

然而，未來專利侵權訴訟有強制委任律師之要求時，依智審法草案第15條之規定，自第一審開始，相關律師酬金即爲

[23] 民事訴訟法第466條之1第1項：「對於第二審判決上訴，上訴人應委任律師爲訴訟代理人。但上訴人或其法定代理人具有律師資格者，不在此限。」

[24] 智審法草案第10條第1項：「智慧財產民事事件，有下列各款情形之一者，當事人應委任律師爲訴訟代理人。但當事人或其法定代理人具有法官、檢察官、律師資格者，不在此限：……二、因專利權、電腦程式著作權、營業秘密涉訟之第一審民事訴訟事件。三、第二審民事訴訟事件。……」

[25] 智審法草案第16條第1項：「第十條第一項第二款至第七款之專利權涉訟事件，經審判長許可者，當事人亦得合併委任專利師爲代理人。」

[26] 民事訴訟法第466條之3第1項：「第三審律師之酬金，爲訴訟費用之一部，並應限定其最高額。」

[27] 民事訴訟法第78條：「訴訟費用，由敗訴之當事人負擔。」

[28] 民事訴訟法第77條之25第2項：「前項及第四百六十六條之三第一項之律師酬金爲訴訟費用之一部，應限定其最高額，其支給標準，由司法院參酌法務部及全國律師聯合會等意見定之。」

訴訟費用之一部分[29]。換言之，最終敗訴之一方，除負擔勝訴一方之三審程序律師酬金以外，尚須負擔一審及二審程序之律師酬金。

五、起訴狀要寫什麼

原告開啓訴訟程序時，向法院提出起訴狀乃正式開啓程序之第一步。起訴狀之目的主要是讓法官及對造瞭解，本件紛爭之當事人、爭執之事實、請求之法律依據及希望法院判決之內容，以利在訴訟過程中釐清相關爭議，並由法院作成判決。

因此，起訴狀記載之主要內容在法律上包括：

- 當事人及法定代理人。
- 訴訟標的及其原因事實。
- 應受判決事項之聲明[30]。

簡言之，在專利侵權訴訟實務上，該等內容不外乎原告及被告之身份，以及被告哪一項產品落入原告哪一件專利的哪一個請求項，原告可以依哪些法律基礎請求被告負哪些法律責任。

其中，關於應受判決事項之聲明，爲完整實現專利法賦予

---

[29] 智審法草案第 15 條：「第十條第一項本文及第十一條第一項之律師酬金，爲訴訟或程序費用之一部，並應限定其最高額。其支給標準，由司法院參酌法務部及全國律師聯合會等意見定之。」目前，依商業事件審理法第 6 條第 1 項之規定，商業事件亦有強制律師代理之要求，同法第 13 條第 1 項規定律師酬金爲訴訟費用之一部。爲此，司法院訂有商業事件律師酬金列爲訴訟或程序費用之支給標準，以明確律師酬金之計算方式。

[30] 民事訴訟法第 244 條第 1 項。

專利權人之排除侵害及損害賠償請求權[31]，專利權人起訴狀中通常會請求被告負的法律責任包括：

- 被告應給付原告 XXX 元整，暨自起訴狀繕本送達次日起至清償日止按年息百分之五計算之利息。
- 被告不得製造、爲販賣之要約、販賣、使用或爲上述目的而進口侵害第 XXX 號專利權之產品。
- 被告應將侵害第 XXX 號專利權之所有產品、半成品及專門用以製造該產品之模具或其他器具全部銷毀。
- 訴訟費用由被告負擔。
- 就上開第 XXX 項聲明，願供擔保請准宣告假執行（亦即，在判決確定前，供一定的擔保金後，先行執行勝訴判決）。

倘若法院審理後，採納專利權人之主張，法院僅會在上開聲明之範圍內進行裁判。例如，倘若法院於訴訟中計算專利權人之損害額超過 500 萬元，不過專利權人僅請求被告給付 100 萬元，法院亦僅會判命被告賠償 100 萬元。因此，該等聲明會連動法院判決之主文，且其後更會作爲執行之基礎，故聲明之內容相當重要。

實務上最常見之狀況之一，乃在於專利權人起訴時，因爲欠缺被告相關銷售資料，而無法確切計算損害額，導致在具體主張損害額時面臨一定困難。因此，專利權人起訴時可以僅請求一個最低數額，於訴訟中依證據調查之結果再行判斷是否擴張請求數額，以降低起訴時之困難度[32]。

---

[31] 專利法第 96 條，同前註 19。

[32] 民事訴訟法第 244 條第 4 項：「第一項第三款之聲明，於請求金錢賠償損害之

六、訴訟費用擔保

如前所述，被告因應專利侵權訴訟，有時會選擇先以程序事項進行抗辯；其中較爲常見做法之一，爲聲請訴訟費用擔保。訴訟費用之擔保是民事訴訟針對外國人爲原告且於我國無住所、事務所及營業所時之特別規定，其目的在於避免被告在訴訟中有相應之訴訟費用支出，於訴訟終結後，而有向位處外國之原告進行求償之困難，故要求原告進行實體攻防前，先預納各審級所需支出之訴訟費用[33]。

此等制度規範有幾項特別值得注意之處：

- 訴訟費用擔保僅適用於原告爲外國人之情形；倘若原告爲我國人時，被告則無法聲請訴訟費用擔保。
- 被告擬聲請訴訟費用擔保者，應於訴訟一開始、提出答辯前即先行聲請，換言之，此等聲請是被告於訴訟程序中的第一個動作，一旦被告提出答辯，則喪失聲請訴訟費用擔保之機會[34]。
- 倘若原告在臺灣之資產，足以賠償訴訟費用時，亦無訴訟

訴，原告得在第一項第二款之原因事實範圍內，僅表明其全部請求之最低金額，而於第一審言詞辯論終結前補充其聲明。其未補充者，審判長應告以得爲補充。」

[33] 民事訴訟法第96條：「（第1項）原告於中華民國無住所、事務所及營業所者，法院應依被告聲請，以裁定命原告供訴訟費用之擔保；訴訟中發生擔保不足額或不確實之情事時，亦同。（第2項）前項規定，如原告請求中，被告無爭執之部分，或原告在中華民國有資產，足以賠償訴訟費用時，不適用之。」民事訴訟法第99條第2項：「定擔保額，以被告於各審應支出之費用總額爲準。」

[34] 民事訴訟法第97、98條：「被告已爲本案之言詞辯論者，不得聲請命原告供擔保。但應供擔保之事由知悉在後者，不在此限。」「被告聲請命原告供擔保者，於其聲請被駁回或原告供擔保前，得拒絕本案辯論。」

費用擔保之適用；且該等資產亦包含專利、商標等智慧財產權[35]。

由於醫藥專利訴訟之外國專利權人，其通常可能在臺灣擁有專利及商標等智慧財產權，因此被告聲請訴訟費用擔保經准許之機率可能不高。例如，曾有諾華公司及LTS洛曼治療系統公司以其專利權，對得生製藥公司提起訴訟後，得生製藥公司遂依民事訴訟法第96條之規定，聲請訴訟費用擔保，請求法院命專利權人提供訴訟費用擔保後，其再行答辯。法院首先計算，該案第二、三審之裁判費及第三審律師酬金爲552,004元，惟專利權人至少擁有臺灣專利、專利申請案及商標達數百件，透過授權或銷售相關商品而實施該等權利，應可獲得遠高於552,004元之商業利益；況且，專利權人所繳納之專利維護費用更已超過552,004元之二倍，可見專利權人在臺灣之資產，足以賠償本件訴訟費用，故駁回得生製藥公司之聲請[36]。該等裁定嗣後並經智慧商業法院的抗告審及最高法院予以維持[37]。

雖然原告專利權人可能同時擁有其他臺灣智慧財產權，故訴訟費用擔保之聲請不易說服法院准許之；不過，該等聲請之策略上，除確保訴訟費用之賠償以外，有時可能更多是被告希望延緩訴訟程序之進行。例如，在前揭爭議案例中，得生製藥公司是在2019年12月12日取得資料齊備日，由此推測，專

---

[35] 最高法院102年度台抗字第404號民事裁定。

[36] 智慧商業法院109年度民專訴字第47號民事裁定。

[37] 智慧商業法院109年度民專抗字第14號民事裁定、最高法院109年度台抗字第1452號民事裁定。

利權人應是在 2020 年 1 月或 2 月間提起訴訟，而法院則是在 2020 年 6 月 29 日始作成首件裁定，故整個程序歷時約半年時間，期間被告不須在本案提出實體答辯；透過此等聲請，縱使法院最終拒絕命原告提供訴訟費用擔保，被告仍可延後提出答辯之時程，而有更充足的時間準備訴訟答辯之相關主張與證據。

肆、奇襲策略

專利權人開啓訴訟時，需在起訴狀中明確說明其主張，故專利權人在準備起訴時即需要確認涉嫌侵權之產品是否落入專利權範圍；惟有時專利權人可能無從取得相關證據，而無法確切判斷，導致行使專利權面臨一定困難。例如，在專利連結制度下，專利侵權訴訟戰場大幅提前至學名藥申請查驗登記之階段，由於此時學名藥之療效及安全性尚未通過審查而尚未上市，故專利權人自然無法在市場上購買藥品蒐證並進行比對。因此，有部分專利權人會在起訴前選擇向法院聲請「保全證據」，透過法院之介入，儘速取得相關證據。

另外，專利權人透過提起專利侵權訴訟來防止侵權情事，尚須經過歷審辯論及裁判，惟相關侵權情事不斷持續，可能導致專利權人之市場受到嚴重影響，故亦有專利權人會選擇另行聲請「定暫時狀態處分」，請求法院在訴訟程序確定終結前，先行命被告採行專利侵權之排除或防止作爲，以儘速遏止專利侵權狀態。

然而，保全證據爲避免被控侵權人知悉專利權人行動後，隨即滅失相關證據，故該等程序具有單方聲請之特性，法院往往必須單憑專利權人所提之相關資料，評估是否有保全之必要性並作成決定，而不會先行通知對造表示意見，或開庭請兩造進行言詞攻防；而定暫時狀態處分無疑是在本案訴訟程序確定終結前，即先行發生判決確定之效果。因此，如何在被控侵權人與專利權人間取得平衡，乃上開程序無法避免之重要課題。

一、保全證據

依民事訴訟法第368條第1項之規定，有下列三種情形可以聲請證據保全：

- 證據有滅失或礙難使用之虞；
- 經他造同意者；或
- 就確定事、物之現狀有法律上利益並有必要。

由於專利權人取得他造同意而進行證據保全之情形，較爲少見，因此實務案例上主要均集中在前開另外兩種情形。聲請人通常會致力主張，相關證據未事前先予以保全，嗣後雙方訴訟中，證據可能會遭滅失或難以使用，導致無從釐清事實或舉證；抑或主張，先予以保全有助於確認事實目前狀態，進而解決兩造紛爭，而有法律上利益及必要性。

證據保全之優點在於，其可以在起訴前提出聲請[1]，相對於本案訴訟提起後再行聲請調查證據，有機會較早取得相關證據。不過，實務上對於證據保全是否准許之理由，並非一直穩定發展，在不同個案間有不同認定，考驗聲請人提出聲請的智慧。

(一) 案例

專利連結制度施行後，證據保全相關案件數量大幅提升，不過基於醫藥產業之特殊性，事實上該制度施行前即有相關案例。

[1] 智慧財產案件審理法第18條第1項：「保全證據之聲請，在起訴前，向應繫屬之法院爲之，在起訴後，向已繫屬之法院爲之。」

1. 專利連結制度施行前

案例

健喬信元公司是臺灣第I325318號「膠囊及其製造方法」發明專利（下稱「318專利」）及第I305148號「口服用固型醫藥用晶體及含有其之排尿障礙治療用口服用固型醫藥」發明專利（下稱「148專利」）之專屬被授權人。其主張生達公司取得藥證、再委託盈盈公司製造之「迅攝康膠囊4毫克」藥品，依該藥品之藥證及仿單，外觀上與健喬信元公司之膠囊專利藥品相同或類似，二者適應症均爲「前列腺肥大症伴隨排尿障礙」，並含有相同之主要成分「Silodosin」，故「迅攝康膠囊4毫克」藥品應已侵害318專利及148專利。

不過，由於「迅攝康膠囊4毫克」藥品爲醫師處方用藥，健喬信元公司不僅無法在市場上自行購得，相關原料藥、製造設備及流程、生產方式或其他文件紀錄亦難以從公開管道查詢，上開藥品之財務及銷售資料（庫存紀錄、進出貨紀錄、銷售資料、會計帳冊、廣告或宣傳品）當然亦未公開。因此，健喬信元公司主張，其有證明專利權侵害及損害賠償數額之困難，且相關證據資料在訴訟過程中，可能會遭竄改，或難以使用；而爲確認目前事實情形，應有確認事物現狀的法律上利益及必要，因而請求法院分別至生達公司及盈盈公司之工廠，取得上開證據進行保全。

在本案中，此等證據取得之困難，進而衍生證據遭滅失或難以使用，或有確認現況以研判侵權情事需要之情形，智慧商業法院認爲確實存在保全必要性，否則欠缺該等證據，可能會影響專利權侵害及損害賠償計算的證明，因此准予保全證據的聲請[2]。

不過，保全證據的方法上，法院有一定裁量空間。例如，在上開案例中，法院認爲，應不需要直接至生達公司、盈盈公司的工廠，進行證據保全，而由法院要求二家公司自行提出即可。法院採此方式乃基於以下的理由：由於「迅攝康膠囊 4 毫克」藥品本身仍在販售中，而原料藥則是藥品之一定配方，生達公司、盈盈公司均應難以任意變更；依法院保全的經驗，如果直接至生達公司、盈盈公司的工廠現場，當場要求二家公司提出相關證據，並進行辨識工作，勢必相當費時，可能就會有提出大量與本案無關證據的情形。因此，命生達公司、盈盈公司在一定期限內，提出相關證據於法院，交由法院保管應較爲妥適[3]。

然而，證據保全的聲請，在類似的事實下，法院在不同個案仍可能有不准許的可能。例如，智慧商業法院在另案中，曾經認爲縱使是醫師處方用藥，聲請人仍然可以自行利用私人證據蒐集程序及公證制度，取得相關證據，並於訴訟中舉證，法院在紛爭尚未明朗以前，應沒有必要透過保全證據的手段加以

[2] 智慧商業法院 107 年度民聲字第 4 號民事裁定。

[3] 同前註。

介入[4]。如此拒絕保全證據的聲請，而要求聲請人以其他私手段取證。

案例

禮來公司是臺灣第110246號「四環衍生物，其製法及用途」發明專利（下稱「246專利」）之專屬被授權人，該專利所保護之化合物是用以治療性功能障礙之「犀利士」藥品之主成分，並經智慧局核准延長專利權期間至2018年2月3日止。

2014年間，禮來公司在市場上發現，捷安司公司在其公司網站上宣稱是第一家「犀利士」學名藥藥商，而對外發布的新聞中，亦表示將向衛福部申請查驗登記。禮來公司因而認爲，捷安司公司有侵害246專利之疑慮，遂向法院聲請保全藥品本身及相關文件（例如藥品製造管制標準書、藥品研發紀錄簿、生產文件、製程配方、技術評估報告、藥品批次生產紀錄與化驗成績書、人體試驗契約書、相關電子郵件等），擬作爲訴訟中的證據。

此案例中，智慧商業法院原先並未准許保全，而認爲依專利法第60條之規定，以取得藥物查驗登記許可或國外藥物上市許可爲目的，而從事之研究、試驗及其必要行爲，不受發明專利權之效力所及。因此，捷安司公司當時縱使有相關藥品之製造行爲，在未取得藥證以前，應非246專利權效力所及，故

4 智慧商業法院102年度民聲字第26號民事裁定。

無侵害專利權之疑慮，自然沒有保全證據的必要[5]。

惟該裁定嗣後遭智慧商業法院抗告審廢棄。抗告審認爲，捷安司公司當時在公司網站上宣稱，2015年第一季即將正式販售，依一般經驗法則，捷安司公司於246專利到期前，應已有進行大規模製造、販賣相關藥品之可能性，而非僅止於專利法第60條所定研究、試驗及其必要行爲，此等情形下應有侵害專利權之虞，而禮來公司亦應有權利主張專利權侵害，故透過保全證據，取得捷安司公司之藥品二盒，應有必要[6]。

然而，禮來公司所聲請之捷安司公司藥品相關文件，智慧商業法院在抗告審仍認爲，此部分涉及捷安司公司內部研發資料，禮來公司並未說明此等資料非屬捷安司公司申請藥物查驗登記許可所需要，而無專利法第60條免責規定之適用，故聲請此部分證據保全不應准許[7]。

2. 專利連結制度施行後

專利連結制度施行後，由於學名藥藥商於通知專利權人時，通常查驗登記申請案甫提出，學名藥當然尚未上市，此等情形類似前述禮來公司與捷安司公司間之爭議案件，故不乏專利權人聲請證據保全以嘗試取得學名藥之相關資料。

[5] 智慧商業法院103年度民聲字第5號民事裁定。

[6] 智慧商業法院103年度民專抗字第5號民事裁定。

[7] 同前註。

案例

在臺灣過去三年多的實務案例中，有部分新藥專利權人在收受 P4 聲明之通知後，會針對學名藥藥商向法院聲請保全下列證據：

- 學名藥樣品；
- 學名藥仿單；
- 學名藥開發相關資料；及
- 藥證申請相關資料。

聲請理由大致上圍繞在相關證據不先予以保全，可能起訴後會遭竄改或變更，而有礙難使用之虞；或專利連結訴訟有其時效性，透過證據保全，有助於事證開示及紛爭解決，故有確認現況之法律上必要及利益。

保全方法上，該等新藥專利權人有聲請至學名藥藥商之工廠進行保全，或向第三人衛福部取得學名藥之相關申請文件。

不過，智慧商業法院在不同個案間，對於所聲請保全之證據，以及相關法律要件的解釋（例如有無證據礙難使用之疑慮，或有無確認事物現狀之法律上必要及利益），陸續提出不同見解，我們可以依所聲請保全之證據類型觀察如下。

(1) 學名藥樣品

依藥品查驗登記審查準則第 24 條第 2 項第 3 款之規定，學名藥查驗登記，原則上得以書面審核而免送驗樣品。由於衛福部沒有該等樣品，有法院案例認為，學名藥藥商在本案訴訟開始後，即可能會隱匿或變更藥品，以嘗試免除專利侵權責任；此外，藥品是訴訟中證明專利權侵害的重要物證，不過僅保存在學名藥藥商一方，更顯示前揭隱匿或變更的危險。再者，考量專利連結訴訟具有時效性，專利權人必須在接獲 P4 聲明之通知後 45 日內提起訴訟，屆時衛福部會暫停核發藥證 12 個月，而證據保全有助開示相關證據、釐清事實，促進訴訟程序或甚至預防訴訟，如此可見予以保全證據應有確定事物現狀的法律上利益及必要性，故法院准予證據保全[8]。

惟亦有法院案例認為，學名藥樣品並無保全必要，不過其理由並未清楚說明不准保全之原因，其似乎是指由於透過其他文件即可證明專利侵權，故法院不需要加以介入保全學名藥樣品[9]。

(2) 學名藥仿單

在學名藥藥商 P4 聲明之通知中，有部分藥商會提供仿單，以證明其學名藥並未侵害新藥專利權。若學名藥藥商所提供之仿單記載內容並非完整時，有法院認為，此等事實可顯示學名藥藥商有隱匿藥品成分資訊之情事，而該等證據是判斷專利權侵害之依據，故有證據滅失或礙難使用之可能性。此外，

---

[8] 智慧商業法院 109 年度民聲字第 6 號民事裁定。

[9] 智慧商業法院 110 年度民專抗字第 2 號民事裁定：「關於判斷侵害系爭專利所憑之證據，並非僅限於製造配方及操作指令一項文件而已，故非不得以其他相關文件或證據加以替代，經權衡雙方利益結果，應認抗告人就此並未釋明其保全之必要性，自難准許。從而抗告人請求至相對人辦公室及工廠予以保全系爭藥品之樣品及最終產品的規格、製造配方、操作／加工、分／包裝與檢驗指令、批次製造記錄及成品檢驗規格與方法及成績書等相關文件等，均為無理由。」

同樣考量專利連結訴訟的時效性及紛爭有效解決，此等證據保全亦應有確認事物現狀的法律上利益及必要，故應有必要加以保全[10]。

惟亦有法院案例認爲，由於學名藥與對照新藥之活性成分應爲相同，二者仿單內容亦應無異，新藥藥商依其自己的藥品仿單，即可理解學名藥仿單內容，而無保全必要[11]。

(3) 學名藥開發或藥證申請相關資料

有法院案例認爲，藥證申請資料是判斷專利權侵害之重要證據，就此部分先行證據調查程序，能確定事物現狀，有助於研判紛爭之實際狀況，及審理本件訴訟時發現眞實與妥適進行訴訟，故應准許保全[12]。

然而，亦有法院案例持相反見解，認爲倘若是學名藥查驗登記依法本應檢附之資料，或學名藥藥證之申請資料，該等資料即存放在衛福部，應無證據滅失或礙難使用之情事。況且，本案訴訟中，專利權人可以向法院聲請調查證據，命學名藥藥商提出，若其拒絕提出，即得依民事訴訟法第 345 條第 1 項之規定，認定專利權人對於相關文書之主張或擬證明的事實爲眞實[13]，因此，亦不符合確定事物現狀而有法律利益及必要性的情形[14]。

---

[10] 智慧商業法院 109 年度民聲字第 6 號、109 年度民聲字第 46 號民事裁定。

[11] 同前註 9。

[12] 智慧商業法院 109 年度民聲字第 46 號民事裁定。

[13] 民事訴訟法第 345 條第 1 項：「當事人無正當理由不從提出文書之命者，法院得審酌情形認他造關於該文書之主張或依該文書應證之事實爲眞實」。

[14] 智慧商業法院 109 年度民聲字第 6 號、110 年度民專抗字第 2 號民事裁定。

再者，若非存放於衛福部之文件，仍可能涉及製造藥品之必要文件，法院認為，此時學名藥藥商應不會逕行銷毀該等資料，否則勢必將影響自身權益，故亦無法認定有證據滅失或礙難使用之危險；此外，在必要性的衡量上，倘若該等資料涉及學名藥藥商之營業秘密文件，公開將造成其不可彌補的損害，更顯示欠缺保全的必要性[15]。

(4) 保全證據之方法

由上開各種涉及保全之證據，可見司法見解目前對於保全證據相關要件之解釋及適用，在個案上仍有不一致之情形。除此以外，縱使是准予保全之案件，不同個案中，法院決定保全證據之方法亦有不同。

詳言之，有法院案例依聲請人之請求，准許最為直接至學名藥工廠之保全方式，由法院實際至現場後視情形進行取樣、影印、拍照、攝影或複製[16]。惟亦曾有聲請人請求法院命衛福部提出學名藥藥證申請資料，法院亦准許之，且認為由衛福部提出應較能夠確保相關資料之真實性[17]。

(二) 智慧商業法院准許情形

上開法院見解歧異的情形，亦可見於實際統計資料。詳言之，智慧商業法院針對保全證據之案件，不論涉及專利、商標、著作、營業秘密或其他型態之爭議，准許率亦呈現浮動之狀態。2008 年第三季至 2022 年第二季止，在總計 524 件

---

[15] 同前註 8。

[16] 同前註。

[17] 同前註 12。

的案件中，扣除撤回的49件後剩475件，其中共有156件經法院准許，准許率約爲三分之一。不過，逐年統計上，近三年准許率分別爲2019年爲40%、2020年爲30%、2021年爲52.17%，而2022年截至第二季爲止，准許率爲18.18%[18]，落差極大。未來司法裁判未來是否會有較穩定之見解，究竟會貫徹或架空證據保全制度之目的，甚而影響權利行使制度之運作，均值得進一步觀察。

二、定暫時狀態處分

依智慧商業法院之統計，自2008年第三季至2022年第二季，終結一件專利權爭議，一審平均約需240日[19]，二審平均約需284日[20]，倘若嗣後又上訴至第三審，或甚至再遭廢棄發回，審理期間可能更久。在3、5年不等的審理期間內，專利權人考量專利權有一定期間之限制，可能會希望先排除專利侵權的狀態，以避免侵權行爲持續影響市場，在法律上即可聲請法院作成「定暫時狀態處分」，在判決確定前，預先實現專利權人請求之內容。

---

[18] 智慧商業法院，智慧商業法院民事聲請保全證據事件核准比率，https://ipc.judicial.gov.tw/tw/dl-62132-44bf422abd5245a48ca2fc1626595429.html（最後瀏覽日：2022年8月5日）。

[19] 智慧商業法院，智慧財產法庭民事第一審訴訟事件終結件數及平均結案日數，https://ipc.judicial.gov.tw/tw/dl-62112-f42f6b4f932a46a8b2dc4e9c045a2459.html（最後瀏覽日：2022年8月4日）。

[20] 智慧商業法院，智慧財產法庭民事第二審訴訟事件終結件數及平均結案日數，https://ipc.judicial.gov.tw/tw/dl-62127-625e1b6d4c064fe3933b6717532e4d47.html（最後瀏覽日：2022年8月4日）。

不過，倘若被控侵權人在尚未經過法院充分審理，即因定暫時狀態處分，需事先負擔專利侵權之責任，如此恐將嚴重影響被控侵權人之權益。因此，民事訴訟法上針對該等聲請有嚴格的限制，且通常會給予雙方進行意見交換之機會，而不會如保全證據一般，以一方聲請內容決定准駁。

詳言之，依民事訴訟法第 538 條第 1 項之規定，僅有「防止發生重大之損害」或「避免急迫之危險」或有其他相類之情形而有必要時，法院始會評估准許定暫時狀態處分。定暫時狀態處分之聲請人，必須說明倘若未能於本案判決確定前，預先實現請求之內容，會發生如何之重大損害或急迫危險。一般而言，法院在具體衡量上，會分別從下列四個角度進行分析，釐清是否有准許必要：

- 聲請人將來勝訴可能性、
- 聲請之准駁對於聲請人或相對人是否將造成無法彌補之損害、
- 雙方損害之程度、及
- 對公眾利益之影響[21]。

透過上開相關因素，雙方當事人得以具體主張或反駁定暫時狀態處分有無必要性，法院亦得以權衡後決定准駁。以下將以智慧商業法院醫藥專利權之相關案例進行介紹。

---

[21] 智慧財產案件審理細則第 37 條第 3 項。

(一) 案例

案例

拜耳公司是臺灣第I276436號「用於當作一避孕藥使用之藥學組成物」發明專利（下稱436專利）之專利權人，其認為美時公司「愛己膜衣錠3毫克/0.03毫克」藥品（下稱愛己膜衣錠藥品），應落入436專利範圍。

拜耳公司並向法院聲請定暫時狀態處分，主張倘若未能在本案訴訟確定前，先行禁止美時公司之專利侵權行為，將導致市場上減少拜耳公司藥品之採購，並損害其經濟利益，日後縱使取得勝訴判決，亦難以彌補此等損害，同時更有助於維護專利權人之利益，進而投注更多資源研發新藥，以提升國民健康及醫療品質等公共利益。因此，請求法院命美時公司禁止製造、為販賣之要約、販賣、使用或進口愛己膜衣錠藥品，或為相關廣告宣傳行為。

美時公司在接獲法院通知後，提出抗辯主張，436專利之美國對應案及歐洲對應案，因不具進步性或新穎性，均已遭美國及歐洲相關機關認定無效，可見臺灣436專利亦應有遭撤銷之高度可能，拜耳公司於本案訴訟中應無勝訴可能性。況且，拜耳公司整體營收遠大於美時公司，倘若准予定暫時狀態處分，拜耳公司所受之利益亦遠不及於美時公司所受之損害。

本案智慧商業法院原先認為，依436專利歐洲對應案之資料，可見歐洲專利局技術上訴法庭（Technical Board of Appeal of European Patent Office）認定其新穎性不備之原因，乃是專利藥品進行臨床實驗時，曾告知受試者藥品成分卻未簽署保密協議，且受試者未使用之藥品並未回收，故公衆得以輕易取得該藥品，歐洲對應案因而無效。倘若適用我國專利法，上述情形亦應導致436專利將遭撤銷，而難認拜耳公司有勝訴之可能[22]。

另外，拜耳公司雖主張其將受有無法彌補之損害，惟法院認爲，其銷售量下降，未必是因愛己膜衣錠藥品所致。況且，愛己膜衣錠藥品所占美時公司總營收之比例，應大於拜耳公司之專利藥品占其總營收之比例，倘若准許拜耳公司之聲請，恐將導致美時公司受損害之程度較多，且於市場上有越多種類之藥品流通，消費者亦將有更多選擇，故不准予拜耳公司聲請，亦不影響公共利益[23]。

拜耳公司雖針對上開裁定提起抗告，惟抗告法院仍維持原裁定，不過駁回聲請之理由有所不同。關於原裁定以436專利歐洲對應案之資料，認爲拜耳公司勝訴可能性不高，抗告法院認爲該等理由應有瑕疵，畢竟各國專利權之範圍可能有所不同，不得僅因外國對應案即認定臺灣436專利亦有無效事由；然而，抗告法院仍認爲，本案難以認定拜耳公司之專利藥品有因愛己膜衣錠藥品而銷售量降低之情事，且以拜耳公司之營業規模，應不存在無可回復之損害。另一方面，衡量美時公司營業穩定，縱使敗訴亦應得以支付損害賠償予拜耳公司，且倘若

[22] 智慧商業法院106年度民暫字第23號民事裁定。

[23] 同前註。

准許本件聲請，可能將導致病患斷藥之空窗期，進而不當影響病患身體健康，有損公共利益[24]。

案例

諾華公司是臺灣第I350184號「高劑載片劑」發明專利（下稱184專利）之專利權人，其主張中化公司「利伏抗膜衣錠100毫克」藥品（下稱利伏抗藥品），應落入184專利範圍。諾華公司雖曾致函中化公司，擬釐清專利侵權情事，惟未獲中化公司有意義之回覆，諾華公司因而聲請定暫時狀態處分。

諾華公司主張，184專利是有效之專利，倘若未能在本案訴訟確定前，先行准予定暫時狀態處分，諾華公司專利藥品之健保藥價將會遭受不可回復之調降，同時因利伏抗藥品採取低價策略，影響市場上之採購，損及諾華公司之信譽，此均導致諾華公司無法彌補之損害。相對而言，利伏抗藥品對於中化公司營收之影響，應非顯著，故准予本件聲請對於中化公司之損害較低。此外，定暫時狀態處分之准許，更有助於促進國民健康及醫療品質。諾華公司因而請求法院，命中化公司禁止製造、為販賣之要約、販賣、使用或進口利伏抗藥品，以預先停止侵權行為。

然而，中化公司抗辯，184專利不具新穎性、進步性，其已提出專利舉發，該專利有效性顯有疑慮，故諾華公司不具備

[24] 智慧商業法院107年度民暫抗字第3號民事裁定。

勝訴可能性。況且，利伏抗藥品在市場上流通，而與專利藥品競爭，至多僅會導致諾華公司營收降低，不可能導致諾華公司無法彌補之損害。倘若進一步觀察諾華公司所可能受之損害，其亦僅是利益之損失，亦可以金錢彌補；另一方面，倘若本案定暫時狀態處分經准許，中化公司無法履行相關藥品合約，供應利伏抗藥品予第三人，將發生違約情事，甚至會影響中化公司之商譽及業務運作，喪失市場競爭力，此等損害難以計算。就公眾利益而言，利伏抗藥品對於相關疾病有治療功效，倘若准予定暫時狀態處分，恐將損害人民醫療權利及健保醫療體系。中化公司因而請求法院駁回該等聲請。

智慧商業法院採納中化公司之理由，不准許定暫時狀態處分之聲請，主要理由如下：法院詳細檢視中化公司所提舉發證據，認為通常知識者由該等證據可以輕易完成184專利相關技術，故184專利應不具進步性，就此而言，即可見諾華公司將來勝訴可能性不高。此外，諾華公司所主張之藥價調降，純屬臆測，且若諾華公司本案訴訟勝訴，排除利伏抗藥品在市場上競爭，即可使專利藥品之健保藥價回升，可見諾華公司並無不可彌補之損害。何況倘若定暫時狀態處分獲准，病患用藥選擇將遭減少，此將有礙疾病治療，並增加病患之治療負擔，妨礙國民健康，故本案定暫時狀態處分不應准許[25]。

諾華公司雖提起抗告及再抗告，惟前開認定仍經智慧商業

[25] 智慧商業法院103年度民暫字第5號民事裁定。

法院抗告審[26]及最高法院再抗告審[27]予以維持。

(二) 反向定暫時狀態處分

除了權利人在本案判決確定前，有機會以定暫時狀態處分預先實現請求結果，另一方面，被控侵權人亦有機會以此等機制，請求法院在本案判決確定前，命權利人應容忍被控侵權人從事相關商業行爲，此等做法在法律概念上稱爲「反向定暫時狀態處分」。例如，曾有被控侵權人主張，專利權人在市場上不斷向被控侵權人之客戶，散布被控侵權人所販售之產品侵害專利權之訊息，導致被控侵權人之交易受到重大影響；不過，由於專利權人之專利權不具新穎性，應予撤銷，且被控侵權人之產品實際上亦無落入該等專利權範圍，倘若專利權人持續上開行爲，將侵蝕被控侵權人之市占率，使其陷入經營上困境，而受有無法彌補之損害，故請求法院命專利權人在本案訴訟判決確定前，應容忍、不得妨礙或干擾被控侵權人製造、爲販售之要約、販售、使用或進口相關產品[28]。

[26] 智慧商業法院103年度民暫抗字第8號民事裁定。

[27] 最高法院105年度台抗字第390號民事裁定。

[28] 智慧商業法院108年度民暫字第1號民事裁定。本案智慧商業法院並未准許反向定暫時狀態處分，認爲專利權是否應予撤銷或遭侵權，此屬本案訴訟應進行實體審理之事項，在定暫時狀態處分之程序中，難以釐清，故本案勝訴可能性並非明確。另一方面，在本案訴訟判決確定前，被控侵權人並無不能銷售產品的情事，被控侵權人之客户出於商業考量決定是否與其進行交易，亦不具定暫時性狀態處分之急迫性。公共利益方面，法院更指出，本案產品並非對於人類健康或疾病治療有重要影響之醫藥品，此等私權糾紛即與公共利益無關。法院因此駁回本件聲請。

(三) 智慧商業法院准許情形

如同前述，定暫時狀態處分是在本案判決確定前，預先發生本案判決之效果，故智慧商業法院對於此類案件之態度通常相對保守，依本文作者之觀察，相較營業秘密之案件，專利案件核准之機率更是不高。倘若以智慧商業法院之統計數據，不論涉及專利、商標、著作、營業秘密或其他型態之爭議，2008 年第三季至 2022 年第二季止，在總計 245 件的案件中，准許率約爲 35%；逐年統計上，近三年准許率分別爲 2019 年爲 30.77%、2020 年爲 42.86%、2021 年爲 30.43%，而 2022 年截至第二季爲止，准許率爲7.14%[29]。此外，平均而言，過去近 15 年間，每年僅有 17.5 件聲請，某種程度可見權利人循此等救濟途徑之意願不高，此或許亦與准許率較低有關。

[29] 智慧商業法院，智慧商業法院民事聲請定暫時狀態事件核准比率（2022 年第二季），https://ipc.judicial.gov.tw/tw/dl-62134-be3a0e9dc6d1483db6dcbfe7782772f6.html（最後瀏覽日：2022 年 8 月 7 日）。

伍、被告也不是省油的燈

專利權人可以依前述不同機制行使專利權，但對手也不會乖乖束手就擒。依據智慧商業法院所公布的統計數字，2008年第三季至2022年第二季間，所有型態專利權之平均第一審勝訴率爲20.0%，若僅看發明專利（醫藥專利大多是發明專利），平均勝訴率則僅有16.3%[1]。由統計數字看來，被告在專利侵權訴訟中也不見得是好欺負的。

在專利侵權訴訟中，被告最常提出來反制原告的兩項手段分別爲「不侵權抗辯」以及「有效性抗辯」。不侵權抗辯是指被告主張被控侵權產品未落入原告專利請求項的範圍，有效性抗辯則是被告主張原告專利有應撤銷事由，爲無效專利。

一、產品根本不在專利範圍內

案例

拜耳公司以其436專利「用於作一避孕藥使用之藥學組成物」，主張美時公司販售的藥品侵害該專利。436專利範圍及被控侵權藥品（愛己膜衣錠藥品）的各個要件比對分析表如下：

[1] 智慧商業法院，智慧財產法庭民事第一審專利訴訟事件勝訴率—依專利型態區分，https://ipc.judicial.gov.tw/tw/dl-62119-c58a3ef2f9c3428c95e27227ebbec2a9.html（最後瀏覽日：2022年7月26日）。

要件	436專利	愛己膜衣錠藥品
1A	一種用於抑制排卵之口服藥學組成物，	爲複合型口服避孕藥，避孕作用基於多種因子交互作用而成，其中最重要的是抑制排卵和改變子宮頸分泌物
1B	其包括作爲第一活性劑之6β,7β；15β,16β-二亞甲基-3-氧代基-17α-孕甾-4-烯-21,17-碳內酯（卓斯派洛農（drospirenone）），其量係對應於投予該組成物時之約2毫克至4毫克之每日劑量；	每錠含有對應於每日劑量爲3毫克之drospirenone（卓斯派洛農）
1C	及包括作爲第二活性劑之17α-乙炔基雌二醇（乙炔基雌二醇），其量係對應於約0.01毫克至0.05毫克之每日劑量；	每錠含有對應於每日劑量爲0.03毫克之乙炔基雌二醇（ethinylestradiol）
1D	及與一或多種藥學上可接受之載劑或賦形劑併用，	賦形劑包括Lactose monohydrate, Corn starch, Pregelatinized Starch, Povidone, Crospovidone, Polysorbate 80, Magnesium stearate, Methylene Chloride, Opadry ® II yellow
1E	該卓斯派洛農係爲一微粒形式，或者自一溶液噴塗至一惰性載劑之顆粒上。	藥品所含卓斯派洛農之顆粒大小爲介於0.10-5.09微米（以等效球形直徑表示）及0.27至8.63微米（以最大顆粒長度表示）之間，且比表面積爲至少17586 cm^2g^{-1}

愛己膜衣錠藥品也是一種口服避孕藥，落入 436 專利的要件 1A。愛己膜衣錠藥品每一錠中的活性成分包括 3 毫克的卓斯派洛農（drospirenone），以及 0.03 毫克之乙炔基雌二醇（ethinylestradiol），並有使用多種藥學上可接受之賦形劑，所以也落入 436 專利的要件 1B、1C 及 1D。

> 最後一項要件 1E 為本案成敗的關鍵。愛己膜衣錠藥品的「卓斯派洛農之顆粒大小為介於 0.10-5.09 微米（以等效球形直徑表示）及 0.27 至 8.63 微米（以最大顆粒長度表示）之間，且比表面積為至少 17586 cm^2g^{-1}」，是否落入卓斯派洛農係為「一微粒形式」的範圍呢？

拜耳公司主張，專利說明書中已有記載，微粒形式是指「活性物質顆粒之表面積大於 10,000 平方公分 / 克；及在顯微鏡下所測得之後續的顆粒尺寸分布顯示：在任一配料中直徑超過 30 微米之顆粒不多於 2%，及直徑≧ 10 微米及≦ 30 微米之顆粒較佳≦ 20%」，因此，只要卓斯派洛農的顆粒「表面積大於 10,000 平方公分 / 克」，且「直徑超過 30 微米之顆粒不多於 2%」，就構成「微粒形式」。在此情況下，愛己膜衣錠藥品當然會落入 436 專利的要件 1E。

不過，本案中，法院雖認同拜耳公司對「微粒形式」的解釋，但仍然判定其敗訴[2]。原因就在於如何解釋專利請求項的範圍。

在判斷被控侵權藥品是否落入專利請求項範圍時，首先要確認專利請求項的各個要件及範圍，接著分析比對被控侵權藥品是否有落入專利請求項的各個要件中。

比對方式主要分成兩大階段。第一階段是判斷是否落入專利請求項的文義範圍，若產品落入文義範圍就會構成文義侵害。

[2] 智慧商業法院 107 年民專訴字第 3 號民事判決。

若是未落入文義範圍，則會進入下一階段，判斷是否落入均等範圍。基於文字描述的侷限性，解釋專利請求項範圍時不會僅限於請求項文字所界定之範圍，而容許適度擴大至與請求項文字界定範圍均等的範圍，而如何判斷「均等範圍」的學問，就叫做「均等論」。

(一) 解構專利請求項之技術特徵

依據專利法第 58 條第 4 項規定，「發明專利權範圍，以申請專利範圍爲準，於解釋申請專利範圍時，並得審酌說明書及圖式。」，因此在比對被控侵權產品是否落入專利範圍時，應先解構專利請求項之技術特徵，也就是解釋專利請求項範圍。

依據智慧商業法院的判決實務[3]以及專利侵權判斷要點，可歸納以下幾點解釋專利請求項範圍的原則：

1. 於解釋請求項時，應以請求項記載之技術內容爲準，並以該發明所屬技術領域中具有通常知識者所理解之通常意義，合理確定請求項界定之範圍。
2. 請求項通常僅就請求保護範圍爲必要之敘述，或有未臻清楚之處，自不應侷限於請求項之文字意義，而應參考說明書及圖式，以瞭解其目的、技術內容、特點及功效，據以確定請求項界定之範圍。
3. 倘由說明書及圖式內容，對請求項用語之意義容有疑義，

[3] 參智慧商業法院 102 年度民專訴字第 111 號、107 年度民專訴字第 3 號、107 年度民專上字第 26 號等民事判決。

可由專利申請階段至專利權維護過程之歷史檔案即內部證據，加以解釋。

4. 倘依內部證據已足以明確解釋申請專利範圍，自無考慮外部證據或其他解釋原則之必要。
5. 倘由說明書及圖式之內部證據，無法明確解釋專利權之範圍，始得參酌前揭內部證據以外之外部證據或原則，加以解釋，例如專業字典、辭典、工具書、教科書、百科全書及專家證詞等。
6. 發明專利之權利範圍，是由申請專利範圍中各請求項之文字所限定，說明書及圖式均得為解釋請求項之依據，但不得將說明書或圖式有揭露但請求項未記載之內容引入請求項，此稱禁止讀入原則。
7. 於解釋請求項時，對於請求項中之已知用語，除非專利權人於說明書中對於用語有賦予特別意義，否則應將已知用語解釋為發明所屬技術領域中具有通常知識者，所理解之通常意義。
8. 於專利權訴訟中，當請求項有若干不同的解釋時，並非以最寬廣合理的範圍予以解釋，而應依據完整的申請歷史檔案，朝專利權有效的方向予以解釋，亦即儘可能選擇不會使該專利權無效的解釋。

於前述卓斯派洛農的案例中，因為請求項中未記載「微粒形式」之範圍，法院即參考專利說明書以瞭解其內容（上述原則 2）。由於專利說明書已記載：「意外地發現當於藥學組成物中以微粒形式（藉此該活性物質顆粒之表面積大於 10,000 平方公分 / 克；及在顯微鏡下所測得之後續的顆粒尺寸分布顯示：在任一配料中直徑超過 30 微米的顆粒不多於 2%，及直徑≧ 10 微米及≦ 30 微米之顆粒較佳≦ 20%）提供卓斯派洛農時，在試管中發生活性物質迅速地自該組成物溶解之作用」，法院認爲卓斯派洛農之「微粒形式」應解讀爲卓斯派洛農物質顆粒表面積大於 10,000 平方公分／克，及在顯微鏡下所測得之後續的顆粒尺寸分布顯示：在任一配料中直徑超過 30 微米的顆粒不多於 2%。

同時，法院亦闡明了「禁止讀入原則」（上述原則 6），認爲說明書關於顆粒尺寸記載「直徑≧ 10 微米及≦ 30 微米之顆粒較佳≦ 20%」等語，僅爲專利說明書所定義之微粒形式之較佳態樣，不應將該較佳態樣用以界定微粒形式之範圍，而過度限縮其微粒形式之範圍。

然而，本案還有一個關鍵問題爲「該卓斯派洛農係爲一微粒形式」究竟應解釋爲 (1) 存在於藥學組成物中的卓斯派洛農爲一微粒形式，或是 (2) 製成藥學組成物（成品藥或藥錠製劑）前之「卓斯派洛農原料藥」爲一微粒形式？

由於證據資料已顯示被控侵權之愛已膜衣錠藥品中的卓斯派洛農符合「微粒形式」的範圍，但所使用之卓斯派洛農原料藥之粒徑大小遠大於專利所界定「直徑超過 30 微米之顆粒不多於 2%」之範圍，因此，解釋 (1) 是對原廠有利，而解釋 (2) 是對被告有利。

法院認爲，「由於藥學組成物中除卓斯派洛農之外，尚包含第二活性成分乙炔基雌二醇及衆多賦形劑，例如：崩解劑、黏合劑等，若要量測藥學組成物中活性物質之顆粒尺寸，則需排除其他賦形劑之影響」，但專利說明書「並未記載如何於藥學組成物中鑑別該活性物質進而可量測該活性物質之顆粒尺寸的試驗步驟」，因此，以該發明所屬技術領域中具有通常知識者閱讀專利說明書後可理解的微粒形式定義，為「以活性物質的原料藥形式藉由普通顯微鏡所量測而得」，且「藉由將『卓斯派洛農原料藥』微粒化後，使用該已微粒化之卓斯派洛農原料藥，製備藥學組成物，藉以達成該藥學組成物中卓斯派洛農的迅速溶解作用。」

此外，由於「專利說明書從未揭露如何從藥學組成物，特別是從實施例之錠劑中，如何排除第二活性成分乙炔基雌二醇及其他賦形劑之影響，進而鑑別出卓斯派洛農，藉以分析錠劑中卓斯派洛農之粒徑大小的相關試驗步驟」，若將「該卓斯派洛農係為一微粒形式」解釋成「該卓斯派洛農係存在於藥學組成物中（即錠劑）之卓斯派洛農」，則將因為「該卓斯派洛農係為一微粒形式」之技術特徵無法為專利說明書所支持而使專利權無效。因此，解釋上會儘可能朝專利權有效之方向解釋，「故仍應將『該卓斯派洛農係為一微粒形式』中該卓斯派洛農解釋為卓斯派洛農之原料藥，方屬合理」。（上述原則 8）

案例

另一個案例是涉及判斷被控侵權藥品的「雙層錠劑」之技術特徵是否落入專利請求項「該等活性成分均勻混合」之範圍。

被控侵權之中化公司衛署藥製字第 059395 號藥品「可得寧膜衣錠 5/10 毫克」（下稱「可得寧藥品」）為一種治

療高血壓之複方藥品錠劑，採用鹽酸貝那普利（benazepril hydrochloride）每錠含量10毫克及苯磺酸氨氯地平（amlodipine besylate）每錠含量5毫克爲其主要成分，兩活性成分的顆粒粉末以明顯分層的方式作成雙層錠劑。

本件專利爲臺灣第I357823號「治療心臟血管疾病複方藥品之固體劑型」發明專利（下稱823專利），請求項1記載：「一種治療心臟血管疾病之複方藥品之固體劑型，其含有活性成分爲貝那普利（benazepril）或其藥學上可被接受的鹽類，以及氨氯地平（amlodipine）或其藥學上可被接受的鹽類所組成的組合，其特徵在於該等活性成分均勻混合。」

由下方比較可知，可得寧藥品已明確落入請求項1的要件1A、1B及1C。本案的勝敗關鍵即在於要件1D「該等活性成分均勻混合」的範圍是否可涵蓋「雙層錠劑」。

要件	專利請求項	可得寧藥品
1A	一種治療心臟血管疾病之複方藥品之固體劑型，	一種治療高血壓之複方藥品錠劑，
1B	其含有活性成分爲貝那普利（benazepril）或其藥學上可被接受的鹽類，	其含有活性成分鹽酸貝那普利（benazepril hydrochloride），
1C	以及氨氯地平（amlodipine）或其藥學上可被接受的鹽類所組成的組合，	以及苯磺酸氨氯地平（amlodipine besylate），
1D	其特徵在於該等活性成分均勻混合。	兩種活性成分以明顯分層方式作成雙層錠劑。

本案法院[4]認爲，專利說明書中對於「該等活性成分均勻混合」之用語沒有賦予特別意義，因此，依照所屬技術領域中具有通常知識者之理解，應解釋爲可以使得兩活性成分（即貝那普利或其藥學上可被接受之鹽類，及氨氯地平或其藥學上可被接受之鹽類），呈現均勻分散之狀態。

此外，專利說明書記載將兩種活性成分同時在混合容器內均勻混合，即任意取樣分析所製得混合物中各組分之組成應爲相同，兩活性成分不應顯現不均勻分散狀態，不會呈現物理上不均勻、分隔或分層狀態。

況且，由專利申請過程之歷史檔案亦可得出相同結論。專利權人於專利申請階段所提之申復書中指出，本發明與先前技術不同之處，在於固體劑型中所含兩種活性成分爲相互均勻混合，兩成分可安定共同存在，無須採用使活性成分相互分隔之設計。專利說明書之實例 1 至 3 所製備之固體劑型，均爲兩活性成分「相互均勻混合」，且「無須採用相互分隔」活性成分之設計，足已證實本發明之固體劑型可達所需安定性。

是以，法院最終認定，「該等活性成分均勻混合」之技術特徵應解釋爲「活性成分相互均勻混合，該等活性成分安定共同存在，無須採用使此等活性成分相互分隔之意思」。

(二) 文義侵害

若被控侵權藥品包含了專利請求項文義上的每一個技術特徵，則構成文義侵害。在判斷上應將專利請求項的每一個技術

[4] 智慧商業法院 107 年度民專上字第 26 號民事判決。

特徵與被控侵權藥品之對應成分、配比、組成關係等，分別進行比對，若各別對應之技術特徵均相同，則可認定構成「文義侵害」。反之，若被控侵權藥品欠缺專利請求項的任一個技術特徵，或有任一個對應之技術特徵不相同，則不構成「文義侵害」。

在第貳章開頭提及的案例，被控侵權藥品的活性成分、含量及載劑等雖均落入專利請求項的要件中，但由於「醫療用途」不同（發明專利是用於治療「β-穀甾醇血症」，被控侵權藥品是用於治療「高膽固醇血症」），因此也不構成文義侵害。

前述卓斯派洛農的案例中，被控侵權藥品雖然落入專利請求項要1A、1B、1C及1D的範圍，但因爲並未落入要件1E的範圍，所以不構成文義侵害。

在前述兩層錠劑的案例中，被控侵權藥品錠劑的剖面圖顯示，兩種活性成分之顆粒粉末，是以相互分隔之方式作成雙層錠劑。專利權人雖主張被控侵權藥品的黃色（苯磺酸氨氯地平）與白色（鹽酸貝那普利）兩層間，是直接接觸，並無物理上隔離之設計，符合「該等活性成分均勻混合」文義，但法院認爲，被控侵權藥品是將苯磺酸氨氯地平及鹽酸貝那普利二活性成分壓錠置於兩不同分層，當隨機取混合物之組分，各組分中苯磺酸氨氯地平與鹽酸貝那普利之組成並非均相同，不符合「活性成分均勻混合」之文義解釋。因此，法院最終認定「雙層錠劑」的技術特徵與專利請求項「將活性成分貝那普利或其鹽類及氨氯地平或其鹽類均勻混合所組成之特徵」不同，故不構成文義侵害。

(三) 均等論

判斷被控侵權藥品是否構成均等侵權，應於判斷不構成文義侵權後，針對被控侵權藥品與專利請求項不相同之各個技術特徵，逐一判斷其是否為均等之技術特徵。若被控侵權藥品欠缺專利請求項的一個以上之技術特徵，或有一個以上對應之技術特徵不相同且不均等，即不符合全要件原則，則不適用均等論，被控侵權藥品不構成均等侵權[5]。

判斷被控侵權藥品與專利請求項的對應技術特徵是否為均等，有採用「三部測試法」，也有採用「無實質差異測試法」。三部測試法是去分析被控侵權藥品對應之技術內容與專利請求項的技術特徵是否以「實質相同」的「方式」（way），執行「實質相同」的「功能」（function），而得到「實質相同」的「結果」（result），當「方式」、「功能」及「結果」均實質相同時，即判斷為二者均等。

無實質差異測試法則是去判斷專利請求項與被控侵權藥品的對應技術特徵之間「有無實質差異」或「具有可置換性」。若依侵權行為發生當時之技術標準，該發明所屬技術領域中具有通常知識者已知對應技術特徵可相互置換，且置換後所產生之功能為「實質相同」，則該對應技術特徵為無實質差異或具有可置換性，二者為均等。

---

[5] 2016年版專利侵權判斷要點，頁39-40。

1. 三部測試法

在近期一件專利連結訴訟案[6]中，被控侵權藥品與專利請求項在成分配比上有兩項差別：(1) 專利之組成物含有「55 重量百分比乳糖單水合物」，被控侵權藥品中含有「57 重量百分比乳糖單水合物」，及 (2) 專利之組成物含有「4 重量百分比聚乙烯吡咯烷酮 (K29-32)USP」，而被控侵權藥品中含有「2 重量百分比 Pharmacoat 603」，因此不構成「文義侵害」，而進入是否「均等侵權」的判斷。

專利請求項要件	被控侵權藥品
一種用於治療及／或預防哺乳類中血管病況、動脈硬化、高膽固醇血症、麥硬脂醇過多症、中風、糖尿病、肥胖症或用以降低血漿中固醇及／或類固醇量之組合物，其包括：	高膽固醇血症、Ezetimibe和Simvastatin 40mg併用於近10日之內因急性冠心症候群（Acute Coronary Syndrome）而住院之患者，可減少主要心血管事件（Major Cardiovascular Events）之發生
(a)10重量百分比活性化合物I，	10重量百分比ezetimibe（活性成分）
(b)55重量百分比乳糖單水合物；	57重量百分比乳糖單水合物
(c)20重量百分比微晶纖維素NF；	20重量百分比微晶纖維素
(d)4重量百分比聚乙烯吡咯烷酮(K29-32)USP；	2重量百分比Pharmacoat 603
(e)8重量百分比交聯甲基纖維素鈉NF；	8重量百分比交聯甲基纖維素鈉NF；
(f) 2重量百分比月桂基硫酸鈉；及	2重量百分比月桂基硫酸鈉；及
(g)1重量百分比硬脂酸鎂；	1重量百分比硬脂酸鎂

---

[6] 智慧商業法院 109 年度民專訴字第 46 號民事判決。

法院在本案中採用三部測試法進行均等的判斷。針對「55 重量百分比乳糖單水合物」與「57 重量百分比乳糖單水合物」是否均等，法院的判斷可簡化如下：

三部測試	分析	法院判斷
方式	乳糖（乳糖單水合物）爲製藥領域中通常用於塡充劑或稀釋劑使用，目的在於增加藥錠體積及改善成分之均質性	實質相同
作用	均作爲塡充劑之用	實質相同
結果	產生增加藥錠體積及改善成分均質性之結果	實質相同

被告雖反駁被控侵權藥品因爲使用了 Pharmacoat 603（HPMC）來達到較佳溶解效果，所以特別將乳糖比例調整爲 57%，避免影響被控侵權藥品之治療效果。也就是說，被控侵權藥品是以「使用 57% 乳糖」之方式，執行「藥品充塡」之功能，以達到「使用 Pharmacoat 603（HPMC）及乳糖並維持藥品標準重量」之結果，故而，被告使用 57% 乳糖與專利請求項使用 55% 乳糖單水合物，兩技術顯實質上不同，並非均等。不過法院認爲，乳糖單水合物可作爲塡充劑，以增加藥錠體積及改善成分之均質性，爲該項技術領域通常知識者所知，兩者間使用的乳糖單水合物之重量百分比僅有 2% 之差異，該發明所屬技術領域中具有通常知識者可輕易完成，故屬實質相同之方式。

針對「4 重量百分比聚乙烯吡咯烷酮 (K29-32)USP」及「2 重量百分比 Pharmacoat 603」是否均等，法院的判斷則可簡化如下表：

三部測試	分析	法院判斷
方式	該項技術通常知識者均理解可使用聚乙烯吡咯烷酮或Pharmacoat 603作為製備組合物（藥錠）之黏合劑，且依據不同黏合劑之特性，可經一般例行性試驗而獲致適當添加重量百分比	實質相同
作用	聚乙烯吡咯烷酮或Pharmacoat 603均可於組合物（藥錠）中發揮黏合劑之效果	實質相同
結果	均可達成於製藥過程中將各成分粉末黏合在一起，以提供產品必要之力學強度之結果	實質相同

被告雖抗辯被控侵權藥品使用的「Pharmacoat 603」與「聚乙烯吡咯烷酮」在分類、結構、溶解性、及物理化學特性均有極大不同，顯然具有實質差異。但法院認為被告提出的抗辯主張不影響「聚乙烯吡咯烷酮」和「Pharmacoat 603」均可作為黏合劑之事實，而且均可於製藥過程中將各成分粉末黏合在一起，以提供產品必要之力學強度的結果，因此落入均等範圍。

2. 無實質差異測試法

在另一件較早期的藥品專利侵權訴訟[7]中，法院採用了無實質差異測試法判斷均等範圍。

案件中涉及的專利為治療骨質疏鬆症的改良藥劑，利用將活性成分拉洛希吩（Raloxifene，即式 (I) 化合物）的粒子大小維持在特定狹窄範圍內，使醫藥組合物中的活性成分具有所需之溶解性及生物可利用性特性，同時可顯著改善製造能力。

由以下比較表可知，案件中的被控侵權藥品同樣是用於預

[7] 智慧商業法院 106 年度民專上字第 4 號民事判決。

防及治療停經後婦女骨質疏鬆症，活性成分爲拉洛希吩鹽酸鹽（Raloxifene hydrochloride），醫藥組成物中含有多種賦形劑。兩者的差別在於活性成分的粒子大小：專利中活性成分的平均粒子大小介於 5 與 25 微米之間，被控侵權藥品中活性成分的平均粒徑爲 24.6 微米（24.1～25.0）；專利中至少有 90% 的活性成分等粒子之大小介於 10 與 50 微米之間，在被控侵權藥品中則爲 52.3 微米（50.9～53.4）。因此，法院判定不構成文義侵權。

專利請求項要件	被控侵權藥品
一種具有改良物理特性以增進生物可利用性及／或製造能力之醫藥組合物，其包含式 I 化合物： 及其醫藥上可接受之鹽與溶劑化物， 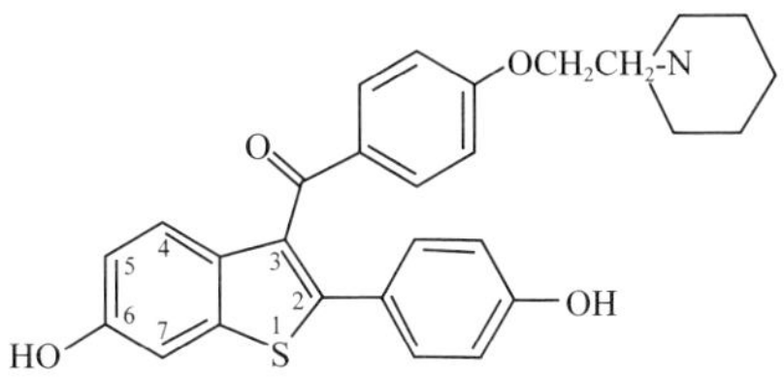 (I)	一種Raloxifene膜衣錠，有效成分爲Raloxifene hydrochloride（拉洛希吩鹽酸鹽）是一種雌激素作用劑／拮抗劑，具有選擇性的雌激素接受體調節劑（SERM），屬benzothiophene（苯並噻吩）。可預防及治療停經後婦女骨質疏鬆症。
與一種或多種醫藥上可接受之載體、稀釋劑或賦形劑調配，	包含賦形劑Sodium Starch Glycolate、Citrate AcidMono hydrate、Microcrystalline Cellulose、Dibasic Calcium Phosphate、Poloxamer 407、Magnesium Stearate、Opadry OY-LS-28908 (IIWhite)、Ethano l 96%、Purified Water。

專利請求項要件	被控侵權藥品
其特徵在於該化合物係呈粒狀，該等粒子之平均粒子大小介於5與25微米之間，至少90%該等粒子之大小介於10與50微米之間。	依鑑定報告顯示，藥品中「raloxifene hydrochloride」之平均粒徑爲24.6微米（24.1～25.0）及90%粒子尺寸爲52.3微米（50.9～53.4）。

在均等論的分析中，法院指出，被控侵權藥品「90% 粒子尺寸分布爲 50.9 至 53.4 微米（平均爲 52.3 微米）」，顯然遠大於專利請求項所揭示「10 至 50 微米」之範圍，「該發明所屬技術領域中具有通常知識者瞭解微粒狀藥物之粒子尺寸大小不同，當會造成藥物微粒實質上之物性不同，如比表面積、溶解度及後續調劑之藥物摻合性質……等等皆爲不同」，是以，「90% 粒子尺寸爲 52.3 微米（50.9～53.4）」與「至少 90% 該等粒子之大小介於 10 與 50 微米之間」技術特徵實質上有所差異而不同，故被控侵權藥品並未落入專利請求項之均等範圍。

3. 原廠主張學名藥與專利藥具有相當的生體可用率（BA）及生體相等性（BE），因此兩者必然均等，是否有理？

在近期的專利連結訴訟[8]中，有一件是涉及可減少栓塞性心血管事件發生率的口服醫藥組成物。爲使口服醫藥組合物能夠大體上釋放活性成分 {1S-[1α,2α,3β(1S*,2R*),5β]}-3-(7-{[2-(3,4- 二氟苯基) 環丙基] 胺基 }-5-(丙基硫基)-3H-1,2,3- 三唑並 [4,5-d] 嘧啶 -3- 基)-5-(2- 羥基乙氧基) 環戊

[8] 智慧商業法院 110 年度民專訴字第 11 號民事判決。

烷 -1,2- 二醇（即 Ticagrelor），進而具有適當且良好的生物可用性，原廠專利以活性成分搭配所界定之填充劑、黏合劑、崩解劑及潤滑劑「整體」，而達到所需之釋放特性。

被控侵權藥品亦是將活性成分 Ticagrelor 與特定賦形劑配方相搭配，包括填充劑（甘露醇及微晶纖維素）、黏合劑（羥丙基纖維素）、崩解劑（低取代羥丙基纖維素）及潤滑劑（硬脂酸鎂）。由下方比較表可知，被控侵權藥品的活性成分、填充劑、黏合劑及潤滑劑均落入專利請求項各要件的文義範圍，但因爲所使用的崩解劑「低取代羥丙基纖維素」並未落入專利請求項的文義範圍，因此不構成文義侵權，而需進入均等侵權的判斷。

專利請求項要件	被控侵權藥品
一種醫藥組合物，其包括：{1S-[1α,2α,3β(1S*,2R*),5β]}-3-(7-{[2-(3,4-二氟苯基)環丙基]胺基}-5-(丙基硫基)-3H-1,2,3-三唑並[4,5-d]嘧啶-3-基)-5-(2-羥基乙氧基)環戊烷-1,2-二醇；	活性成分爲Ticagrelor，且每顆錠劑含有90mg
一或多種選自甘露糖醇、山梨糖醇、二水合磷酸氫二鈣、無水磷酸氫二鈣及磷酸三鈣或其混合物之填充劑；	甘露醇及微晶纖維素作爲填充劑
一或多種選自羥丙基纖維素、褐藻酸、羧甲基纖維素鈉、共聚乙烯吡咯酮及甲基纖維素或其混合物之黏合劑；	羥丙基纖維素作爲黏合劑
一或多種選自乙醇酸澱粉鈉、交聯羧甲基纖維素鈉及交聯聚乙烯吡咯酮或其混合物之崩解劑；及	低取代羥丙基纖維素作爲崩解劑
一或多種潤滑劑。	硬脂酸鎂作爲潤滑劑

・實質相同方式及作用

法院認為，被控侵權藥品為原廠專利藥品的學名藥，須於生體可用率（即藥品有效成分由製劑中吸收進入全身血液循環或作用部位之速率與程度之指標）試驗中證明與專利藥品有生體相等性，被控侵權藥品於申請藥品查驗登記時方能引用專利藥品之臨床試驗數據。因此，就該發明所屬技術領域中具有通常知識者可理解被控侵權藥品亦是利用特定賦形劑配方，而使得被控侵權藥品與專利藥品具有生體相等性。

被控侵權藥品所使用的「低取代羥丙基纖維素」，與專利請求項中所列的「乙醇酸澱粉鈉」、「交聯羧甲基纖維素鈉」及「交聯聚乙烯吡咯酮」雖有不同，但是都是屬於「超級崩解劑」（super disintegrants），因此，該發明所屬技術領域中具有通常知識者可理解被控侵權藥品使用「填充劑、黏合劑、崩解劑及潤滑劑」之「方式」，與專利請求項實質相同，且同樣是執行產生適當且良好生體可用率之實質相同之「功能」。

・實質不相同的結果

被控侵權藥品之溶離曲線結果顯示，被控侵權藥品之配方整體可讓藥品於 60℃及相對濕度 80% 存放 2 週後，仍可維持與剛出廠時幾乎相同之溶離率，可合理預期高溫高濕環境下儲存，並不會顯著影響被控侵權藥品之生體可用率且可強化存放安定性等抗濕熱特徵，以避免出廠後的存放環境過度妨害藥品有效成分釋放。

但依據專利請求項之醫藥組合物（以專利藥品為例）於 60℃及相對濕度 80% 存放 2 週後其 0-30 分鐘溶離曲線，剛出廠之 0-30 分鐘溶離曲線有「顯著落差」，即專利藥品對抗高溫高濕環境下，易改變其溶離率，可合理預期體內吸收之改變而影響活性成分吸收，甚至影響治療效果。

因此，依據前開溶離率結果，可知被控侵權藥品非爲發明所屬技術領域中具有通常知識者本於原廠專利請求項即可輕易完成，代表被控侵權藥品促進良好生體可用率之結果，顯優於專利請求項所界定之醫藥組合物，非屬實質相同之「結果」。總結而言，被控侵權藥品與專利請求項之技術特徵並非均等。

原廠雖主張既然學名藥與原廠專利藥具有相當的生體可用率（BA）及生體相等性（BE），應認定具實質相同的「結果」。但法院認爲，不應以被控侵權藥品與專利藥品本質上具有相似或相同之 BA/BE 溶離試驗，即率斷認定被控侵權藥品落入專利請求項之均等範圍，仍應考慮專利發明之內容。

由於原廠專利發明著重在「口服藥物調配物可大體上釋放，進而使得病患體內具有藥物的良好生物可用性」，故以三部測試法判斷被控侵權藥品與專利請求項均等範圍是否具有實質相同之「結果」時，自當依據專利發明之內容，以是否具有「口服藥物調配物可大體上釋放，進而使得病患體內具有藥物的良好生物可用性」之效果作爲考量。若被控侵權藥品對專利發明內容進行技術增進之研究或技術迴避，且獲致具與專利發明有顯著區別，被控侵權藥品自不應認爲落入專利請求項之均等範圍。

同樣地，使用無實質差異測試法進行被控侵權藥品與專利請求項之對應技術特徵的置換所產生功能是否爲實質相同之比對時，基於專利發明之本質，並不應僅侷限於判斷 BA/BE 溶離試驗是否相同，應視被控侵權藥品個案上是否有針對專利發明進行技術研發或迴避而有所增進，以作整體考量。

在這個判決中有一點值得思考的議題。專利侵權是以「專利請求項」與被控侵權產品相比對，而非以「專利藥品」與被控侵權產品相比對。那麼，以「專利藥品」的溶離率結果來判斷「專利請求項」與被控侵權藥品是否均等，是否符合侵權比對原則呢？

在一件涉及類風濕性關節炎藥品的侵權訴訟[9]中，法院認爲藥物動力學數據並非專利請求項所主張之保護範圍，因此不應用來作爲均等比對。

在該案中，法院認定被控侵權藥品中作爲膠黏劑的聚乙烯吡咯酮含量爲「0.648 重量 %」，並未落入專利請求項中膠黏劑含量爲「0.75 重量 % 至 15 重量 %」之技術特徵範圍；且被控侵權藥品中作爲潤濕劑的月桂基硫酸鈉含量爲「0.29 重量 %」，亦未落入專利請求項中潤濕劑含量爲「0.4 重量 % 至 10 重量 %」之技術特徵範圍，因此不構成文義侵權。法院進一步指出，由於被控侵權藥品與專利請求項中膠黏劑的濃度範圍並不相同，會造成被控侵權藥品於製劑黏合性質實質上有所不同，如導致黏合度較差等狀況；而被控侵權藥品與專利請求項中濕潤劑的濃度範圍不相同，會造成被控侵權藥品於製劑濕潤性質實質上之不同，因此，在「膠黏劑」與「濕潤性」兩項技術特徵上，被控侵權藥品與系爭專利請求項實質上當屬不同，兩者並不均等。

---

[9] 智慧商業法院 106 年度民專訴字第 101 號民事判決。

原告主張，被控侵權藥品與原廠專利實施例 2 的成分大致相同，區別僅在於月桂基硫酸鈉及聚乙烯吡咯酮的重量百分濃度。但就整體觀察，被控侵權藥品與專利實施例 2 於藥動學上可謂實質相同，可見該重量百分濃度上的區別並未產生實質上的差異。然而，法院指出，藥物動力學數據可作爲證實專利請求項所界定之藥學劑型可達到一定生物利用性之發明目的，但該藥物動力學數據並非爲請求項所主張保護範圍，故不可主張被控侵權藥品與專利說明書實施例藥物動力學數據大致相同，即表示被控侵權藥品與專利請求項所請之藥學劑型是相同的。

4. 均等論之限制事項

於專利權人主張被控侵權藥品適用均等論而構成均等侵權時，被控侵權人得提出抗辯，主張全要件原則、申請歷史禁反言、先前技術阻卻或貢獻原則等事項以限制均等論，若任一限制事項成立，則不適用均等論，應判定不構成均等侵權。若讀者有興趣進一步瞭解均等論之限制事項，可參考 2016 年版專利侵權判斷要點。

二、無效的專利也敢拿來用

依據司法統計[10]，智慧財產法庭民事第一審專利訴訟事件自 2008 年第三季至 2022 年第二季各年度的有效性抗辯成立

[10] 智慧商業法院，智慧財產法庭民事第一審專利訴訟事件有效性抗辯成立比率，https://ipc.judicial.gov.tw/tw/dl-62121-495da7435604465ba282b0eacdb49ca4.html（最後瀏覽日：2022 年 7 月 26 日）。

比率如下表，平均值高達 50.3%，顯示有效性抗辯是被告在專利侵權訴訟中有效的反制武器。

智慧財產法庭民事第一審專利訴訟事件有效性抗辯成立比率

單位：件；%

期別	提抗辯件數	權利無效	權利有效	未判斷	成立比率
2008年第三季至2022年第二季	853	429.2	145.8	278.0	50.3
2008年第三～四季	5	2.0	1.0	2.0	40.0
2009年	46	29.5	7.5	9.0	64.1
2010年	66	46.0	6.0	14.0	69.7
2011年	62	36.0	13.0	13.0	58.1
2012年	60	40.0	10.0	10.0	66.7
2013年	70	43.0	12.0	15.0	61.4
2014年	64	26.0	15.0	23.0	40.6
2015年	86	47.5	11.0	27.5	55.2
2016年	59	20.0	14.0	25.0	33.9
2017年	66	19.0	12.5	34.5	28.8
2018年	61	28.5	6.5	26.0	46.7
2019年	68	35.8	9.3	23.0	52.6
2020年	66	27.0	11.0	28.0	40.9
2021年	52	20.8	10.7	20.5	40.1
2022年第一～二季	22	8.1	6.4	7.5	36.8

主張專利無效較常見的理由不外乎「不具新穎性」、「不具進步性」、「專利說明書未充分揭露而無法據以實施」以及

「專利請求項無法被專利說明書所支持」。

依照專利法第 22 條第 1 項規定，「不具新穎性」是指申請專利之發明於申請前：(1) 已見於刊物、(2) 已公開實施，或 (3) 已爲公衆所知悉。簡言之，就是已經有一個「相同」的發明，在申請日前被公開。

依照專利法第 22 條第 2 項規定，「不具進步性」是指雖然在申請日前已公開的發明（也就是先前技術）和申請專利之發明「沒有完全一樣」，「所屬技術領域中具有通常知識者依申請前之先前技術」，仍然可以「輕易完成」申請專利之發明，此時仍然不得取得發明專利。

「專利說明書未充分揭露而無法據以實施」及「專利請求項無法被專利說明書所支持」則是規定在專利法第 26 條。依照專利法第 26 條第 1 項規定，「說明書應明確且充分揭露，使該發明所屬技術領域中具有通常知識者，能瞭解其內容，並可據以實現」。另依照專利法第 26 條第 2 項規定，「申請專利範圍應界定申請專利之發明；其得包括一項以上之請求項，各請求項應以明確、簡潔之方式記載，且必須爲說明書所支持」，因此，若是未符合前述規定，也無法取得專利。

若任何人發現已獲准的專利有「不具新穎性」、「不具進步性」、「專利說明書未充分揭露而無法據以實施」或「專利請求項無法被專利說明書所支持」等等不應給予專利的情事存在，都可以向智慧局提起舉發，要求撤銷專利權。

此外，依照智慧財產案件審理法第 16 條，若「當事人主張或抗辯智慧財產權有應撤銷、廢止之原因者，法院應就其主張或抗辯有無理由自爲判斷」，若「法院認有撤銷、廢止之原因時，智慧財產權人於該民事訴訟中不得對於他造主張權利。」

在專利侵權訴訟中，被告除了主張產品沒有落入專利範圍外（即不侵權抗辯），也可以在訴訟中主張原告的專利有應撤銷或廢止的事由（即無效抗辯），因此原告沒有權利提起本件侵權訴訟。同時，也可以向智慧局提出舉發，要求智慧局撤銷原告的專利。

以下將透過幾個案例來說明專利無效抗辯在訴訟中的運用情形。

(一) 專利無效抗辯——不具新穎性

在藥品專利訴訟中，被告成功以「不具新穎性」撤銷原告專利的案例非常少，可能是因為要找到一件「完全相同」的先前技術（例如先前技術中已揭露結構完全相同的化合物）是有一定難度的。

縱使先前技術所揭露的化學結構範圍，可以含括到專利請求項所請的化合物，也不見得會使專利請求項的化合物喪失新穎性。

1. 上位概念發明之公開不影響下位概念發明之新穎性

在下列案例[11]中，被告主張在另一件較早公開的專利案中，已經揭露原告的專利化合物，所以原告的專利化合物不具新穎性。

由下列比較表可知，先前技術所揭露的化合物結構，確實

---

[11] 同前註8。

已含括了原告的專利化合物。然而，本案法院仍然判決原告的專利化合物具有新穎性。

先前技術	專利
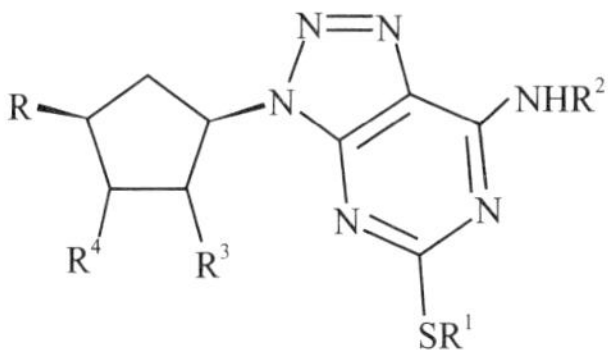 N=N N NHR^2 R N N R^4 R^3 SR^1 (I)	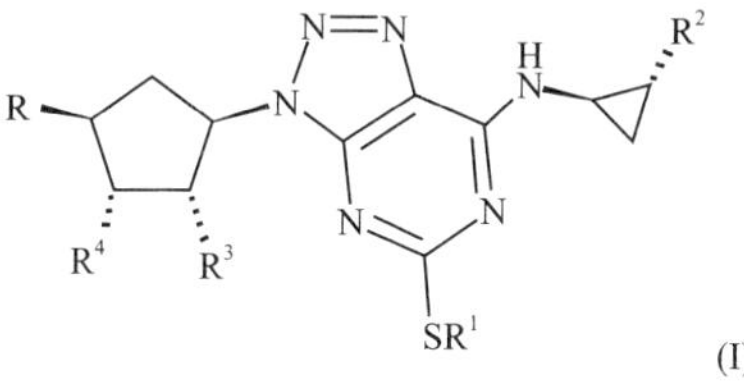 N=N H N R^2 R N N N R^4 R^3 SR^1 (I)
R^1爲C1-6烷基……等多種選擇，且該C1-6烷基可爲1個或多個鹵原子取代	R^1爲C3-5烷基，未取代或1個以上鹵原子取代，
R^2爲C3-8之環烷基，可爲1個或多個苯基……等多種取代基所取代，該苯基亦可爲1個或多個鹵原子所取代	R^2爲苯基，其係未經取代或爲1個以上氟原子取代，
R^3及R^4可1個爲羥基，另1個爲氫或羥基	R^3及R^4均爲羥基，
R較佳可爲OH、CH_2OH、OCH_2CH_2OH	R是XOH，其中X是CH_2，OCH_2CH_2或一鍵

本案法院指出「所謂上位概念，指複數個技術特徵屬於同族或同類的總括概念，或複數個技術特徵具有某種共同性質的總括概念。發明包含以上位概念表現之技術特徵者，稱爲上位概念發明。下位概念，係相對於上位概念表現爲下位之具體概念。發明包含以下位概念表現之技術特徵者，稱爲下位概念發明。若先前技術爲下位概念發明，由於其內容已隱含或建議其所揭露之技術手段可以適用於其所屬之上位概念發明，故下位概念發明之公開會使其所屬之上位概念發明不具新穎性；

然原則上，上位概念發明之公開並不影響下位概念發明之新穎性。」

舉例而言，低碳烷基（lower alkyl）之揭露不會使乙基（C_2H_5）喪失新穎性。反之，一個具體化合物的公開會使包括該具體化合物之通式的請求項喪失新穎性，但不影響該通式所包括除該具體化合物以外之其他個別化合物的新穎性[12]。

在本案中，法院認爲先前技術揭露的化合物顯然爲專利化合物的上位概念，因此先前技術的內容不足以證明專利請求項不具新穎性。

2. 化合物的晶型和鹽也可以是新穎的技術特徵

如果專利的技術特徵是在化合物的晶型，即使先前技術中已揭露具體的化合物結構，也不會喪失新穎性。

在智慧商業法院 110 年度民專訴字第 8 號民事判決中，原告的其中一項專利請求項爲一種呈多晶型 I 之式 (I) 化合物，請求項中並有記載 X- 射線繞射之測量參數（如下）

1. 一種呈多晶型 I 之式 (I) 化合物，

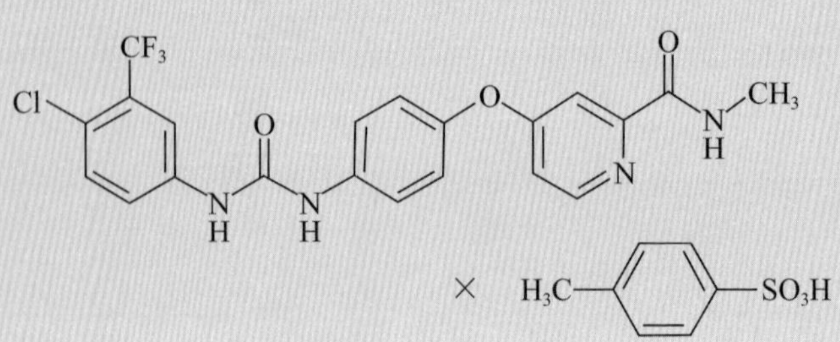

(I)

[12] 現行專利審查基準第二篇發明專利實體審查第十三章醫藥相關發明第 5.2.1 節。

其於 X- 射線繞射中顯示一最高峰之 2 Theta 角爲 4.4, 13.2, 14.8, 16.7, 17.9, 20.1, 20.5, 20.8, 21.5 及 22.9。

被告主張先前技術中已揭露專利請求項的式 (I) 化合物的結構，因此式 (I) 化合物沒有新穎性。不過，法院認爲，「藥物化合物多晶型係指藥物化合物分子內部晶格空間排列不同而形成具有不同微觀結構之固體，藥物多晶型更係指同一種藥物分子存在兩種或兩種以上晶型之現象。而藥物不同晶型可能會影響藥物晶體本身的穩定性、藥物製劑之穩定性、藥物之生物可利用性、安全性及療效，故對於選定適當之藥物晶型對於製藥業者是相當重要。」

由於專利說明書已揭露請求項之多晶型 I 式 (I) 化合物具有熱力學穩定性特徵，並以 X- 射線繞射法鑑定多晶型 I 式 (I) 化合物參數特徵，而先前技術「均未考量到式 (I) 化合物具有多晶型態，亦未揭露如何製備多晶型 I 式 (I) 化合物，更未明確揭露該多晶型態之 X- 射線繞射法所鑑定參數特徵」，因此，先前技術未達揭露如何製造及使用多晶型 I 式 (I) 化合物之程度，不足以證明專利請求項不具新穎性。

在同一案中，原告的另一項專利請求項爲一種用於治療哺乳類過度增生性疾病包括癌症之醫藥組成物錠劑，其中含有至少 55% 之「索拉非尼之對甲苯磺酸鹽」作爲活性成分，以及醫藥上可接受的賦形劑。請求項如下所示：

一種用於治療哺乳類過度增生性疾病包括癌症之醫藥組成物，其係一包含作爲活性試劑之以該組成物之重量計爲至少55%部分之4{4-[3-(4-氯-3-三氟甲基苯基)-脲基]-苯氧基}-吡啶-2-羧酸甲醯胺之對甲苯磺酸鹽及至少一種選自於填充物、崩散劑、黏合劑、潤滑劑及表面活性劑所組成群組之醫藥上可接受的賦形劑之錠劑。

被告所提出的先前技術已揭露一種可治療特定形式之癌症，如慢性骨髓性白血病的醫藥組成物，活性成分爲「索拉非尼」，含量較佳爲20%至90%。先前技術並揭露該醫藥組成物較佳爲口服劑型，且較佳爲與合適的賦形劑混合並製作成錠劑，並列舉多種適合的賦形劑，如填充劑、黏合劑、崩散劑、潤滑劑等。

與專利的技術特徵相比對，先前技術已揭露了「治療癌症的醫藥組成物」、「活性成分的範圍」、以及「與賦形劑混合製成錠劑」等技術特徵；但是，法院指出，先前技術所揭示之活性成分「索拉非尼」與專利請求項所界定之活性成分「索拉非尼之對甲苯磺酸鹽」，兩者並不相同，因此，先前技術並未揭示索拉非尼之對甲苯磺酸鹽，不足以證明專利請求項不具新穎性。

3. 臨床試驗用之藥劑可以作為專利無新穎性的證明？

如果在申請專利之前，將專利藥品提供給受試者進行臨床實驗，是有可能會增加專利喪失新穎性的風險。不過，如果專利的技術特徵不是那麼容易觀察得知，喪失新穎性的風險可能相對較低。

在智慧商業法院 107 年度民專訴字第 3 號民事判決的案例，被告主張專利權人在申請藥品專利之前已經使用藥品進行臨床試驗，有將藥品的活性成分告知受試者，而且未與受試者簽署保密協定，亦未要求返還未使用的藥物，因此，這些行爲造成藥物已爲公衆所知悉而不具新穎性。

法院並沒有採納被告的論點。法院認爲，「新穎性」判斷在於專利的「請求項技術內容」是否在申請日前即「爲公衆所可得知」，應以申請專利之發明整體進行比對，若先前技術所揭露之技術內容，該發明所屬技術領域中具有通常知識者仍無法得知物之發明的結構、元件或成分等，及方法發明的條件或步驟等技術特徵者，則不構成公開實施。法院亦指出，所謂「公開」，指先前技術處於公衆有可能接觸並能獲知該技術之實質內容的狀態而言。

法院在判決中分析，被告所提出的證據資料，僅能顯示有將藥品的活性成分告知受試者，且未要求受試者保密，但並無法顯示出受試者已知悉專利的技術特徵，即專利藥品含有「卓斯派洛農係爲一微粒形式，或者自一溶液噴塗至一惰性載劑之顆粒上」。

此外，依照專利說明書之記載，微粒形式是指「活性物質顆粒之表面積大於 10,000 平方公分／克；及在顯微鏡下所測得之後續的顆粒尺寸分布顯示：在任一配料中直徑超過 30 微米之顆粒不多於 2%，及直徑≧ 10 微米及≦ 30 微米之顆粒較佳≦ 20%」，因此，該技術特徵顯需經由顯微鏡儀器進行測量，單單透過藥品之外觀是無法輕易觀察得知。是以，縱有受試者未能返還其所服用臨床試驗之藥品，亦無法證明其已經知悉該技術特徵之內容，自難憑此認爲該受試驗之藥品已處於公衆可實質知悉之狀態。

法院最終認定，由進行臨床試驗而告知受試者所揭露之技術內容，並不足以使該發明所屬技術領域中具有通常知識者得以知悉系爭專利請求項之藥學組成物中，卓斯派洛農粒子顆粒大小或卓斯派洛農噴霧塗佈一惰性載劑之顆粒上，所以系爭專利請求項並未因此喪失新穎性。

(二) 專利無效抗辯——不具進步性

在訴訟上常見的手法是同時主張原告專利不具新穎性及不具進步性。有時會先主張前案 A 已揭露發明專利所有的技術特徵，因此不具新穎性；同時，也會主張縱使前案 A 中未揭露發明專利所有的技術特徵，該未揭露的部分也是此技術領域中具有通常知識者利用已公開的普遍知識或其他前案資料即可完成。因此，通常新穎性的檢驗只是第一關，後面還會有進步性的檢驗。有許多案件雖然通過了新穎性的關卡，但最終仍是被認定不具進步性。

例如，在前述智慧商業法院 110 年度民專訴字第 8 號民事判決[13]中，因爲先前技術（前案 1）並未揭露式 (I) 化合物的 X-射線繞射參數，所以法院認定專利「具有新穎性」。不過，被告另外提出其他前案，並主張此技術領域中具有通常知識者由這些其他前案中即可理解應從前案 1 中選出最穩定的晶型，也

[13] 參頁 116 以下。

就可以完成專利請求項之多晶型式 (I) 化合物，因此，專利請求項被判定「不具進步性」。

法院在判決中主要認為：

1. 專利發明內容在於提供熱力學穩定之多晶型 I 之式 (I) 化合物，以避免藥物製劑製造時產生不欲之晶型轉換，導致影響溶解度及生物可利用性。
2. 被告所提出的其他前案中，揭露了控制藥物活性物質晶型與生物可利用性的關聯性及重要性，例如：

   有前案揭露「關於控制藥物活性物質晶型之重要性，且揭露控制藥物活性物質晶型係藥物查驗登記申請者之責任，假如生物可利用性受到影響，則需驗證該控制晶型方法是否適當。」、「選出最穩定晶型，可確保其不會轉化為其他晶型」；也有前案揭露「許多情況下，同一化合物的多種不同晶型相態會具有不同的化學穩定性……在考量化學穩定性的情況下，顯然需仔細控制化學製程，以確保所需的多晶型物」、「每個有機藥物可以存在不同的多晶型，並且選擇合適的多晶型將決定藥物製劑是否化學或物理穩定的，或者粉末是否能夠很好地壓片或無法壓片，或者獲得藥物血液水準是否產生所需藥理反應的藥物治療水準。」；亦有前案揭露「需要鑑別出熱力學穩定之多晶型物，如果化合物具有互變轉換異構型，則會有兩個或更多的穩定多晶型和轉變溫度。其可被簡單的技術鑑別出來，例如，在不同溫度下攪拌或震盪過量的固體」；另有前案揭露「多晶型化合物的變體可以展現出多種不同化學物理性質，……特別值得注意的是變體相異的溶解度，因而影響藥物的生物利用度。其他特質則影響配方生產，其特質包含晶體習性（流動性）、晶體硬度和密度（研磨）、熔點（栓劑熔融性質）、溶解度（靜脈溶解）、熱力學穩定（晶體成長和懸浮配方分解），因此必須臨床前階段確認多晶體成分的物理化學性質。爲了減少生物可利用度與製藥間之差異，則需定義出具有利性質的變體，此類變體通常爲在室溫下熱力學穩定性的成分。」

3. 專利發明所屬技術領域中具有通常知識者本可理解藥物活性成分之多晶型現象是普遍存在的，故參酌前述各個前案，自有合理動機「考量同一藥物活性成分之不同多晶型可能具有不同之物理化學性質，可能導致不同流動性、機械應力穩定性、懸浮穩定性及溶解度，進而可能影響原料藥及製劑之生產過程及藥物活性成分之生物可利用性及生體相等性」；或「考量選擇熱力學穩定之多晶型物，而避免使用不穩定之多晶型物用以製備藥物製劑」；或「於臨床前階段確認該藥物活性成分之多晶型物理化學性質，以避免生物可利用度之差異，而造成吸收與所產生之藥效上導致很大落差而使得病患於用藥上有安全上之潛在風險」等等事項，並經一般例行性試驗（再結晶試驗或自動化結晶模擬系統）可輕易完成式 (I) 化合物之具有熱力學穩定之多晶型 I，並使用常規的 X 射線粉末繞射測得該多晶型 I 式 (I) 化合物之特徵數值，故專利請求項不具進步性。

針對化合物多晶型的進步性認定，現行審查基準揭示，「申請專利之發明爲一種已知化合物的多晶型，因多晶型的分子結構係與該化合物完全相同，僅結晶型態有所不同，且該發明所屬技術領域中具有通常知識者為解決醫藥領域習知的問題，例如尋求生體可用率（Bioavailability）、安定性更高或溶解度等性質更佳之化合物來製備藥物，有動機進行多晶型的篩選。再者，多晶型通常以例行之實驗方法即可獲得，故原則上已知化合物之多晶型不具進步性，除非該多晶型較該已知化合物具有無法預期之功效。」[14] 此一判斷原則與前述法院判決的分析理由大致上是相同的。

在另一件涉及 HMG CoA 還原抑制劑的案例中，被告也是成功地以專利不具進步性的主張擊退原告[15]。原告主張的專利請求項 1 為「一種作為 HMG CoA 還原酶抑制劑之醫藥組合物，其包括 (E)-7-[4-(4- 氟苯基)-6- 異丙基 -2-[甲基 (甲磺醯基) 胺基] 嘧啶 -5- 基]-(3R,5S)-3，5- 二羥基庚 -6- 烯酸或其醫藥可接受鹽作為活性成分及一其中所含陽離子為多價者之無機鹽，其限制條件為該無機鹽不是水滑石或合成水滑石。」

依照專利說明書所載，請求項 1 所主張的活性化合物（(E)-7-[4-(4- 氟苯基)-6- 異丙基 -2-[甲基 (甲磺醯基) 胺基] 嘧啶 -5- 基]-(3R,5S)-3，5- 二羥基庚 -6- 烯酸）為已知的 HMG CoA 還原酶抑制劑（Rosuvastatin），且可用來治療高膽血症、高脂蛋白血症，和動脈粥樣硬化。但此活性化合物在某些條件下對降解特別敏感，導致活性成分化合物之「－CH ＝ CH－HCOH－CH2－HCOH－CH2－COO-」結構中，

---

[14] 現行專利審查基準第二篇「發明專利實體審查」、第十三章「醫藥相關發明」第 5.3.1.3 節。

[15] 智慧商業法院 103 年度民專上字第 13 號民事判決。

「羧基（－COO-）」與「羥基（－OH）」發生內酯化反應，「碳－碳雙鍵的羥基」發生氧化形成酮官能基。而本發明專利之目的及技術手段在於添加含有多價陽離子之無機鹽至醫藥組合物中，可穩定活性化合物的構造及使其對氧化或內酯化較不敏感。

被告所提出的前案 1 中已揭露請求項 1 之 HMG CoA 還原酶抑制劑（Rosuvastatin）之結構，但並未揭露加入多價陽子的技術特徵。然而，被告提出的另一件前案中（前案 2），揭露一種包含 HMG CoA 還原酶抑制劑化合物及一種「鹼性介質」的醫藥組合物，該「鹼性介質」可使組合物之水溶液或水性勻散液達至少 pH8 而安定化。前案 2 並明確揭露該「鹼性介質」可爲水溶性鹼性物質，包括：二元磷酸鈣；該「鹼性介質」亦可爲水不溶性或難溶性鹼性物質，包括：氧化鎂、氫氧化鎂、碳酸鎂、碳酸氫鎂、氫氧化鋁、氫氧化鈣、碳酸鋁、碳酸鈣；及該「鹼性介質」亦可爲磷酸之醫藥上可接受之鹽類，例如：三元磷酸鈣。前案 2 亦揭示所欲解決之問題爲習知相關之 HMG CoA 還原酶化合物之不安定性，且已說明不安定性之原因來自化合物中該庚烯酸鏈上 β，8- 羥基之極度不安定性及含有雙鍵，故前案 2 所欲解決之問題與原告專利請求項 1 相同。

法院因此認定，前案 2 與原告專利請求項 1 在所欲解決之問題及解決問題之技術手段均相同，且所達成之功效亦相當，發明所屬技術領域中具有通常知識者，欲解決前案 1 揭露之 Rosuvastatin 活性成分容易產生降解及不易儲存之問題時，具有足夠之動機去參考前案 2 所揭露之技術手段，嘗試添加二元磷酸鈣、氧化鎂、碳酸鎂、碳酸鋁、碳酸鈣或三元磷酸鈣等鹼性介質，以達成改善藥物安定性之功效，故前案 1 及前案 2 之組合足以證明原告專利請求項 1 不具進步性。爲便於理解，以表格方式呈現上述分析結果。

要件	原告專利請求項1之技術特徵	前案1	前案2	是否揭示
1A	一種作爲HMG CoA還原酶抑制劑之醫藥組合物	關於3-羥基-3-甲基戊二酸單醯輔酶A（HMG-CoA）還原酶抑制劑	包含HMG-CoA還原酶抑制劑之化合物	是
1B	其包括(E)-7-[4-(4-氟苯基)-6-異丙基-2-[甲基(甲磺醯基)胺基]嘧啶-5-基]-(3R,5S)-3,5-二羥基庚-6-烯酸或其醫藥可接受鹽作爲活性成分及	實施例1之產物（Ia-1）之鈣鹽（Rosuvastatin相同結構）	式 I 化合物（Rosuvastatin之上位結構）	是
1C	一其中所含陽離子爲多價者之無機鹽，其限制條件爲該無機鹽不是水滑石或合成水滑石		氧化鎂，氫氧化鎂或碳酸鎂；碳酸氫鎂；氫氧化鋁或氫氧化鈣，或碳酸鋁或碳酸鈣；複合鋁-鎂化合物，如：氫氧化鎂鋁）；及磷酸之醫藥上可接受之鹽類如：三元磷酸鈣；及其混合物	是

- **組合動機**

由於專利不具進步性的主張通常會涉及複數的前案資料，

該發明所屬技術領域中具有通常知識者有沒有「合理動機」將這些前案組合起來，是審查進步性時首先要處理的問題。依照現行專利審查基準，「判斷該發明所屬技術領域中具有通常知識者是否有動機能結合複數引證之技術內容時，應考量複數引證之技術內容的關連性或共通性，而非考量引證之技術內容與申請專利之發明的技術內容之關連性或共通性，以避免後見之明。原則上，得綜合考量『技術領域之關連性』、『所欲解決問題之共通性』、『功能或作用之共通性』及『教示或建議』等事項。一般而言，存在愈多前述事項，該發明所屬技術領域中具有通常知識者愈有動機能結合複數引證之技術內容。特殊情況下，可能僅存在一個有力事項，即可認定其有動機能結合複數引證之技術內容。」[16]

在智慧商業法院107年度民專上字第26號民事判決中，法院認爲兩件前案所揭示之醫藥用途不同，因此發明所屬技術領域中具有通常知識者並無動機將兩件前案組合在一起，完成專利請求項之發明。

該案中東生華公司主張之823專利請求項1爲「一種治療心臟血管疾病之複方藥品之固體劑型，其含有活性成分爲貝那普利（benazepril）或其藥學上可被接受之鹽類，暨氨氯地平（amlodipine）或其藥學上可被接受之鹽類所組成之組合，其特徵在於該等活性成分均勻混合。」，依照專利說明書所載，「活性成分均勻混合」爲有效成分呈均勻分散狀態，當任意取樣分析所製得混合物中，各組分含有「氨氯地平鹽類」及「貝

[16] 現行專利審查基準第二篇發明專利實體審查、第三章專利要件之第3.4.1.1節。

那普利鹽類」組成應爲相同，組分於物理上不均勻、分隔或分層等狀態，均非屬成分均勻混合之狀態。

前案 1 揭示穩定之氨氯地平順丁烯二酸鹽（amlodipine maleate）醫藥組成物，用於治療或預防心絞痛或高血壓；同時也揭露本發明之氨氯地平順丁烯二酸鹽組成物，可與其他抗高血壓或／和抗心絞痛藥劑合併使用於醫療用途中。例如，和貝那普利（benazepril）此類之血管緊縮素，轉換酵素抑制劑（ACE-inhibitor）合併使用。不過，前案 1 的相關實施例，僅有將氨氯地平單一活性成分製成錠劑之操作方式，除未提及如何製作包含氨氯地平和貝那普利 2 種活性成分混合之固體劑型外，亦未提及製作 2 種活性成分均勻之固體劑型。法院因而認定，前案 1 未揭示在包含氨氯地平和貝那普利之單一組合劑型中，貝那普利和氨氯地平有效成分均勻混合之方式存在。

前案 2 是關於合併血管緊縮素轉換酵素抑制劑（angiotensin-converting enzyme inhibitor; ACEI）及鈣離子阻斷劑（calcium antagonist）製劑，用以預防及治療蛋白尿症。前案 2 並揭示可藉由口服途徑而活化之 ACEI 有諸多好處，此類之 ACEI 如貝那普利（benazepril）、那普利（quinapril）或其他 ACEI 抑制劑。法院認爲，前案 2 雖提及所使用之 ACEI 可選擇爲貝那普利，但前案 2 並未提及鈣離子阻斷劑群組化合物可使用「氨氯地平」特定成分，縱使該發明所屬技術領域中具有通常知識者，依據前案 2 教示隨機選取合併 ACEI 與鈣離子阻斷劑之劑型組合，仍難選取前案 2 未曾教示之「氨氯地平」成分，再與「貝那普利」合併組合完成專利請求項 1 之發明，更遑論將兩活性成分均勻混合製成用於治療高血壓之固體劑型。因此，前案 2 未揭示解決貝那普利與氨氯地平作成複方劑型之溶出性、安定性等問題之技術手段。

既然前案 1 及前案 2 均未完全揭露 823 專利的所有技術特徵，那把兩件前案加起來呢？由法院的分析可知，兩件前案均未揭露「將貝那普利和氨氯地平有效成分均勻混合之方式存在」的技術特徵，因此縱使參酌此兩件前案，也無法得出原告的專利。除此之外，法院更是認爲，兩件前案的醫藥用途，分別爲「治療或預防心絞痛或高血壓之用途」和「預防及治療蛋白尿症」，兩者醫療用途不同，故該發明所屬技術領域中具有通常知識者，實無動機組合前案 1 及前案 2 來達成專利請求項 1 之發明。

(三) 專利無效抗辯——說明書未充分揭露而無法據以實施

專利法第 26 條第 1 項規定，「說明書應明確且充分揭露，使該發明所屬技術領域中具有通常知識者，能瞭解其內容，並可據以實現。」如果依據說明書、申請專利範圍及圖式之內容，參酌申請時之通常知識，該發明所屬技術領域中具有通常知識者仍需要大量的嘗試錯誤或複雜實驗，始能發現實現該發明之方法，這種說明書之記載即不符合「可據以實施」之要件。

依專利審查基準，評估是否必須過度實驗，至少應考量下列因素：

1. 申請專利範圍的廣度。
2. 申請專利之發明的本質。

3. 該發明所屬技術領域中具有通常知識者之一般知識及普通技能。
4. 發明在所屬技術領域中之可預測程度。
5. 說明書所提供指引的數量（amount of direction），包括先前技術中所述及者。
6. 基於揭露內容而製造及使用申請專利之發明所需實驗的數量。[17]

具體而言，申請專利之發明為醫藥產物者，說明書應記載醫藥產物的確認、製備及用途。由於醫藥發明所屬的技術領域，通常很難由其產物本身的結構來推論如何製造及使用該產物，故說明書通常必須記載一個或多個代表性實施方式或實施例，說明該產物如何被製造及如何被使用，以使該發明所屬技術領域中具有通常知識者能瞭解其內容並可據以實現該發明[18]。

・一定要有臨床實驗嗎？

如果專利技術涉及到醫療用途，但沒有提供臨床實驗或體內實驗數據，是否就不符合「可據以實施」之要件呢？倒也未必。

在前述智慧商業法院 107 年度民專訴字第 3 號民事判決中[19]，被告主張：

[17] 現行專利審查基準第二篇「發明專利實體審查」、第一章「說明書、申請專利範圍、摘要及圖式」第 1.3.1 節。

[18] 現行專利審查基準第二篇「發明專利實體審查」、第十三章「醫藥相關發明」第 3.2.1 節。

[19] 參頁 91 以下。

1. 原告專利之發明既在用於抑制排卵，自應揭露「明確之臨床實驗方法」及「相關具體之臨床科學數據」，藉以說明其所含之卓斯派洛農之生物可利用性等藥理功效療程，以判定其正確性及有效性，而使任何熟習該項技術者均能瞭解，並據以實施。
2. 專利說明書中僅揭示微粒化之卓斯派洛農的活體外試驗結果外，且於實施例第 4 及 5 例中約略記載數名患者於服用後的生理反應及統計結果。因微粒化之卓斯派洛農於試管活體外環境下的溶解及異構化情形，自與活體內之生物可利用性無涉。
3. 專利說明書亦未提供完整之臨床藥理活性試驗方法及測試數據，則前開臨床試驗是否如實進行、是否受有嚴格控制，均有疑問。

但此論述並不被法院所採納。法院認爲：

1. 專利說明書已揭示在試管中會發生活性物質迅速地自該組成物溶解（迅速的溶解作用是界定爲 37℃之 900 毫升水中，以約 30 分鐘的期間，自含有 3 毫克卓斯派洛農之一藥錠製劑溶解至少 70% 之作用，更詳細地是以約 20 分鐘的期間溶解至少 80% 之作用，其是使用 50rpm 的 USP 溶解試驗裝置 2 之 USP XXIII 葉片式方法測定）。
2. 該發明所屬技術領域中具有通常知識者參酌上開試驗數據、專利說明書實施例第 4 例口服含有 3 毫克微粒形式之卓斯派洛農及 0.03 毫克乙炔基雌二醇的藥錠，可得該卓斯派洛農之絕對生物可利用性爲 76%±13%，即可合理預期微粒化形式之卓斯派洛農具有良好的生物可利用性。

3. 臨床試驗則非申請藥品專利之必要條件，故只要該發明所屬技術領域中具有通常知識者參酌系爭專利說明書之實施例，即便是活體外試驗，若該試驗結果可以合理推衍活體內溶解作用，該發明所屬技術領域中具有通常知識者亦可合理預測該活體內吸收作用，自非必定要提供臨床試驗之步驟方法及相關數據。

‧沒有實施例也可以？

如果專利說明書中沒有任何實施例，是否有可能符合「可據以實施」之要件呢？

智慧商業法院 102 年度民專訴字第 77 號民事判決中指出，所謂「明確且充分揭露而可據以實施」，指說明書（創作說明與申請專利範圍）之記載，應使該發明所屬技術領域中具有通常知識者在發明說明、申請專利範圍及圖式三者整體之基礎上，參酌申請時的通常知識，無須過度實驗，即能瞭解其內容，據以製造或使用申請專利之發明。至於「實施例」是舉例說明發明較佳之具體實施方式，並非符合「明確且充分揭露而可據以實施」之必要條件，倘其所屬技術領域中具通常知識者依說明書記載，並參酌申請時之通常知識，已足以實施申請專利之發明，縱使說明書欠缺「實施例」，亦不得據以認定其違反「明確且充分揭露而可據以實施」要件。

‧以請求項所主張的發明為判斷對象

依現行專利審查基準，在判斷專利說明書是否符合可據以實現要件，是以請求項所主張的發明爲對象。對於專利說明書中有記載而請求項中未記載之發明，無論說明書是否明確且充分揭露，均無關申請專利之發明，並不會違反可據以實現之要件。[20]

在前述智慧商業法院 110 年度民專訴字第 8 號民事判決[21]中，原告專利說明書實例 1 揭露呈多晶型 II 化合物之製備方法，並獲得 1129.6 克呈多晶型 II 化合物。被告則提出印度 NATCO PHARMA 公司所屬實驗團隊之實驗記錄簿及其檢測報告結果，顯示依據實例 1 之步驟進行製備所得之化合物，爲多晶型 I 之化合物而非多晶型 II 化合物；被告亦提出一份針對原告專利歐洲對應案所提交之異議意見，顯示重複進行 3 次實例 1 之步驟所得產物爲多晶型 I 化合物，而非多晶型 II 化合物。因此，被告主張原告專利違反「可據以實施」要件。

不過，法院首先指出專利權人曾向歐洲專利局異議部門所提交 Grunenber 博士之宣誓書，其上記載依實例 1 所製得之產物爲多晶型 II 化合物。此外，由於多晶型 I 化合物具有相對之熱力學穩定特性，故就製備多晶型 II 化合物一事，可能因爲實驗室均生產較爲穩定多晶型 I 化合物，而存在有多晶型 I 化合物污染之情形，不同實驗室因此難以重現原告專利實例 1 多晶型 II 化合物，故單憑被告提出之印度公司及德國公司之實驗資料，無法證明原告專利違反「可據以實施」之要件。

法院更進一步表示，原告專利請求項所請求保護的申請標的爲多晶型 I 化合物。實例 1 揭露製備多晶型 II 化合物之方

[20] 現行專利審查基準第二篇「發明專利實體審查」、第一章「說明書、申請專利範圍、摘要及圖式」第 1.3.1 節。

[21] 參頁 116 以下。

法，實例 2 則是揭露由多晶型 II 化合物製成多晶型 I 化合物之方法。換言之，實例 1 之產物（多晶型 II 化合物）是作爲實例 2 步驟之「起始反應物」，再依據實例 2 而製得多晶型 I 化合物。因此，實例 1 之產物爲不管是多晶型 I 化合物或是多晶型 II 化合物，均不會影響原告專利請求項保護標的（多晶型 I 化合物）之生合成，故符合「可據以實施」之要件。

(四) 專利無效抗辯——請求項無法被專利說明書所支持

專利法第 26 條第 2 項規定：「申請專利範圍應界定申請專利之發明；其得包括一項以上之請求項，各請求項應以明確、簡潔之方式記載，且必須爲說明書所支持。」

依專利審查基準，「請求項必須爲說明書所支持，係要求每一請求項記載之申請標的必須根據說明書揭露之內容爲基礎，且請求項之範圍不得超出說明書揭露之內容。該發明所屬技術領域中具有通常知識者，參酌申請時之通常知識，利用例行之實驗或分析方法，即可由說明書揭露的內容合理預測或延伸至請求項之範圍時，應認定請求項爲說明書所支持。……應注意者，請求項不僅在形式上應爲說明書所支持，並且在實質上應爲說明書所支持，使該發明所屬技術領域中具有通常知識者，能就說明書所揭露的內容，直接得到或總括得到申請專利之發明。請求項必須爲說明書所支持，如僅爲圖式所支持仍有不足，必須將圖式所支持之部分載入於說明書中，但由於圖式一般僅爲形式上揭露相關內容，無法顯示其實質技術內容，若申請人修正說明書，將圖式揭露之內容載入於說明書時，審查時仍應參酌申請時之通常知識，判斷載入之內容是否實質支持請求項。」[22]

有關醫藥組成物或醫藥用途請求項，若所請範圍涵蓋化合物及其衍生物，而說明書僅提供化合物本身醫藥用途之實施方式或實施例，未提供衍生物醫藥用途之實施方式或實施例，若因該發明所屬技術領域中具有通常知識者，無法僅由化合物之實施方式或實施例合理預期或延伸得知其他可能的衍生物均可以達到所主張之醫藥用途，則說明書之揭露不足以支持申請專利之發明[23]。

在智慧商業法院110年度民專訴字第8號民事判決[24]中，被告主張原告專利請求項7至15是關於多晶型I之式(I)化合物用於醫藥組成物之用途，以及包含多晶型I之式(I)化合物之醫藥組成物或組合物，但是，專利說明書中並未記載醫藥組合物之代表性實施方式或實施例，使該發明所屬技術領域中具有通常知識者，無法瞭解其內容並可據以實現，故該等請求項亦無法爲說明書所支持。

然而，法院認爲原告專利說明書【先前技術】段落引用WO03/068228揭露該式(I)化合物可治療血管形成扮演重要角色之疾病，例如在治療腫瘤生長之用途有關；且原告專利說明書第22-26頁亦揭露包含多晶型I式(I)化合物之醫藥組成物、投藥途徑及劑量；更以X射線繞射法、IR光譜法及拉曼

[22] 現行專利審查基準第二篇「發明專利實體審查」、第一章「說明書、申請專利範圍、摘要及圖式」第2.4.3節。

[23] 現行專利審查基準第二篇「發明專利實體審查」、第十三章「醫藥相關發明」第4.2.3節。

[24] 參頁116以下。

光譜法探索多晶型 I 之式 (I) 化合物的參數特徵。是以，該發明所屬技術領域中具有通常知識者，基於上開說明書所揭露之內容，可利用例行之實驗獲致專利請求項 7-15 所界定之發明，專利請求項 7-15 屬專利發明說明及圖式所能合理延伸之範圍，可爲專利發明說明及圖式所支持。

通常請求項之範圍過廣而無法爲說明書所支持時，也會發生說明書之記載不夠明確且充分而無法據以實施。依專利審查基準中所舉案例，請求項記載爲「一種油電混合動力車，其特徵在於移動時之能源效率爲 A～B%」，而說明書中僅揭露一種特定之電力傳輸控制手段，可達成能源效率爲 A～B%，惟申請時油電混合動力車領域之能源效率通常爲 X%，其遠低於 A%，該發明所屬技術領域中具有通常知識者，即使參酌申請時之通常知識，仍無法理解如何以其他之技術手段，亦皆能達成能源效率爲 A～B%，故該請求項整體無法爲說明書所支持，不符支持要件，且申請專利之發明無法經由任意手段而據以實現，該說明書之記載亦不符可據以實現要件[25]。

三、秘密保持命令

除了實體上以產品並未侵權或專利無效作爲回擊，在程序上被告可能會面臨相關證據之開示，而影響其營業秘密之保護。例如，專利連結制度下，專利權人無從於市場上取得學名

[25] 現行專利審查基準第二篇「發明專利實體審查」、第一章「說明書、申請專利範圍、摘要及圖式」第 2.4.3.1 節。

藥，故透過保全證據或調查證據，取得未公開之藥品樣品、仿單、開發或藥證申請資料，以確認侵權的情事，被告亦可能需要藉由該等資料抗辯其並未侵害專利權；惟若此時資料未公開之狀態，因專利權人之聲請或訴訟調查而遭破壞，勢必會影響被告的權利。

因此，訴訟制度上設計有「秘密保持命令」[26]及「限制閱覽」[27]等機制，請求法院限制相關資料予特定人爲訴訟之目的使用，甚至更嚴格地完全不得開示而僅得由法院接觸。

案例

阿斯特捷利康公司爲 193 專利「含 4-(3'- 氯基 -4'- 氟苯胺基)-7- 甲氧基 -6-(3-N- 嗎啉基丙氧基）喹唑啉，或其醫藥上接受的鹽之醫藥組合物」之專利權人，依專利連結制度之設計，其收受諾華公司所提 P4 聲明之通知後，遂對諾華公司提起專利侵權訴訟。

[26] 智慧財產案件審理法第 11 條：「（第 1 項）當事人或第三人就其持有之營業秘密，經釋明符合下列情形者，法院得依該當事人或第三人之聲請，對他造當事人、代理人、輔佐人或其他訴訟關係人發秘密保持命令：

一、當事人書狀之內容，記載當事人或第三人之營業秘密，或已調查或應調查之證據，涉及當事人或第三人之營業秘密。

二、爲避免因前款之營業秘密經開示，或供該訴訟進行以外之目的使用，有妨害該當事人或第三人基於該營業秘密之事業活動之虞，致有限制其開示或使用之必要。

（第 4 項）受秘密保持命令之人，就該營業秘密，不得爲實施該訴訟以外之目的而使用之，或對未受秘密保持命令之人開示。」

[27] 智慧財產案件審理法第 9 條第 2 項：「訴訟資料涉及營業秘密者，法院得依聲請或依職權裁定不予准許或限制訴訟資料之閱覽、抄錄或攝影。」

法院於訴訟中，遂請衛福部提供諾華公司之藥品查驗登記資料。諾華公司因此聲請限制閱覽，請求禁止阿斯特捷利康公司、其法定代理人及訴訟代理人閱覽、抄錄或攝影該等資料；此外，諾華公司一併請求法院，若不准許限制閱覽之聲請時，仍應核發秘密保持命令，命阿斯特捷利康公司之訴訟代理人，除為實施該案訴訟以外之目的，不得使用該等資料，亦不得對未受秘密保持命令之人（包括阿斯特捷利康公司及其法定代理人等）開示該等資料。

在該等聲請中，阿斯特捷利康公司則主張，該等證據資料與專利侵權訴訟之爭點高度相關，且應非機密，故請求法院准許其燒錄資料光碟。

法院在限制閱覽之聲請上，採納阿斯特捷利康公司之主張，惟法院認為藥品查驗登記資料應涉及諾華公司營業秘密，故核發秘密保持命令。詳言之，法院解釋，藥品查驗登記資料有相當的數量，更是判斷專利侵權之必要資訊，雙方充分辯論後，法院才能夠作為裁判基礎；倘若准予限制閱覽，禁止阿斯特捷利康公司任何閱覽、抄錄、攝影或燒錄光碟的行為，如此勢必嚴重影響其辯論權，違反訴訟平等原則。另一方面，由於藥品查驗登記資料涉及諾華公司營業秘密，為避免公開或供訴訟目的以外使用，可能會妨礙諾華公司基於該等營業秘密之事業活動，故有限制開示的必要，核發秘密保持命令僅開示該等資料予阿斯特捷利康公司之訴訟代理人，應有助於達成前開目的，並兼顧阿斯特捷利康公司訴訟辯論之保障[28]。

一般而言，秘密保持命令是核發予相對人之訴訟代理人，但有時也會核發予相對人。訴訟代理人或其他受領秘密保持命令之人僅得爲訴訟之目的使用相關資料，且不得揭示予其他第三人。倘若有任何違反，即可能面臨有期徒刑、拘役或罰金刑[29]。

此外，在個案審理上，法院通常針對涉及營業秘密之案件，會採不公開審理之方式，進行辯論[30]；因此，審理時除了法官及兩造訴訟代理人以外，其他人等即不得參與審理過程。

在智慧商業法院的實務上，秘密保持命令已爲廣泛運用，不論涉及專利、商標、著作或營業秘密或其他型態之爭議，2008 年第三季至 2022 年第二季止，在總計 444 件的案件中，扣除撤回的 49 件後剩 395 件，其中共有 371 件經法院准許，准許率高達 93.9；逐年統計上，近三年准許率分別爲 2019 年爲 95.9%、2020 年爲 96.9%、2021 年爲 96.2%，而 2022 年截至第二季爲止，准許率爲 96.9%[31]。

---

[28] 智慧商業法院 109 年度民聲字第 32、34 號民事裁定。

[29] 智慧財產案件審理法第 35 條第 1 項：「違反本法秘密保持命令者，處三年以下有期徒刑、拘役或科或併科新臺幣十萬元以下罰金。」此外，倘若涉及營業秘密侵害行爲，或業務上洩密行爲，亦可能面臨營業秘密法第 13 條之 1、第 13 條之 2 或刑法第 316 條之訴追。

[30] 智慧財產案件審理法第 9 條第 1 項：「當事人提出之攻擊或防禦方法，涉及當事人或第三人營業秘密，經當事人聲請，法院認爲適當者，得不公開審判；其經兩造合意不公開審判者，亦同。」

[31] 智慧商業法院，智慧商業法院民事聲請秘密保持命令核准比率（2022 年第二季），https://ipc.judicial.gov.tw/tw/dl-62136-7bd2c6d841ab484db79bb7309f3eef94.html（最後瀏覽日：2022 年 8 月 10 日）。

陸、主動出擊、另闢戰場

傳統上，專利侵權訴訟時常以專利權人作爲主動之一方，被控侵權人則爲被動之一方；在醫藥專利訴訟中，新藥專利權人即時常扮演原告的角色，學名藥藥商扮演被告的角色。不過，倘若學名藥藥商瞭解到專利權人有擬主張權利之傾向，抑或認爲專利有應撤銷之原因，爲避免學名藥上市後隨時面臨遭受侵權訴訟的危險，則得評估主動出擊，提起確認之訴或舉發申請。

一、確認之訴

學名藥藥商提起確認之訴時，目的在確認專利權人對學名藥藥品無任何權利可茲主張。因此，在確認之訴的程序中，原告爲學名藥藥商，其會以專利權人爲被告，此與一般專利侵權訴訟的當事人恰好相反，反而是由原告（學名藥藥商）主張，因專利權無效或不侵害專利權，故被告對於原告並無專利法所賦予之相關請求權；不過整體審理程序上，與一般專利侵權訴訟無異[1]。

案例

賽特瑞恩公司之「妥利希瑪（Truxima）」藥品（下稱妥利希瑪藥品），在 2019 年 3 月 25 日取得衛部菌疫輸字

[1] 參第參章之說明，頁 59 以下。

第 001094 號藥證，適應症包含類風濕性關節炎。嗣後赫孚孟拉羅公司則寄發律師函予賽特瑞恩公司，告知該等適應症將侵害赫孚孟拉羅公司所有之臺灣第 I380826 號「治療關節損傷的方法」發明專利（下稱 826 專利），賽特瑞恩公司因此將適應症刪除類風濕性關節炎，惟回覆赫孚孟拉羅公司後，赫孚孟拉羅公司仍表示應尊重 826 專利，切勿侵害。

賽特瑞恩公司認為，826 專利之歐洲對應案有無效事由，826 專利亦應屬無效，除有說明書未明確且充分揭露之疑義外，亦有其他前案組合可以證明 826 專利不具進步性，故妥利希瑪藥品記載類風濕性關節炎之適應症，是否有侵害 826 專利，雙方顯有不同意見；因此，賽特瑞恩公司向法院提起確認之訴，請求法院確認赫孚孟拉羅公司基於 826 專利之排除侵害、防止侵害及損害賠償請求權均不存在。

依民事訴訟法第 247 條第 1 項之規定，有「確認利益」存在時，始得提起確認之訴[2]；因此在程序上，赫孚孟拉羅公司首先抗辯，現在賽特瑞恩公司並沒有不能銷售妥利希瑪藥品之情事，因此本案並無確認利益。其次，赫孚孟拉羅公司在實體上進一步抗辯，賽特瑞恩公司所主張不侵害 826 專利之理由，乃在該專利無效，惟通常知識者依其背景知識，應可瞭解 826 專利說明書，故應已充分揭露；此外，通常知識者觀察相關前案，亦難以輕易思及826專利之技術內容，該專利應具進步性。

[2] 民事訴訟法第 247 條第 1 項：「確認法律關係之訴，非原告有即受確認判決之法律上利益者，不得提起之；確認證書真偽或為法律關係基礎事實存否之訴，亦同。」

智慧商業法院肯認賽特瑞恩公司之主張，而未接受赫孚孟拉羅公司之抗辯。法院首先認爲，賽特瑞恩公司因接獲赫孚孟拉羅公司通知，遂刪除妥利希瑪藥品上類風濕性關節炎之適應症記載，雙方就此等適應症是否有侵害 826 專利，存在不同看法，此等歧見亦不因適應症刪除而不存在，故本案應有確認利益。再者，法院認爲雖然通常知識者能夠理解 826 專利之內容，該專利說明書應已明確且充分揭露；不過，通常知識者參酌先前技術，即有動機以一般例行性試驗，完成 826 專利之發明，可證 826 專利應不具進步性。法院因此認定，赫孚孟拉羅公司基於 826 專利，對於妥利希瑪藥品記載類風濕性關節炎之適應症，相關排除侵害、防止侵害及損害賠償請求權均不存在[3]。赫孚孟拉羅公司雖提起上訴，請求法院廢棄原判決，惟二審法院仍維持原審見解[4]。

案例

2010 年 5 月，安萬特公司曾主張神隆公司「臺灣神隆三水合多賜特舒」原料藥之製程，侵害安萬特公司臺灣第 125443 號發明專利（下稱 443 專利），並向智慧商業法院聲請保全證據，並經法院准許至神隆公司保全各類技術及商業文件（例如製造標準書、生產文件、製程配方、批次紀錄、化驗成績書、出貨紀錄、庫存紀錄、技術評估報告、鑑定分析報告），保全後由法院存於光碟攜回保管。

---

[3] 智慧商業法院 109 年度民專訴字第 79 號民事判決。

[4] 智慧商業法院 110 年度民專上字第 31 號民事判決。

神隆公司因此提起確認之訴，主張安萬特公司將對其行使專利權，惟上開製程應不落入443專利之權利範圍，故其應有確認安萬特公司對其並無專利法相關請求權之利益，並請求法院確認安萬特公司基於443專利之排除侵害及損害賠償請求權不存在。

本案中，智慧商業法院採納神隆公司之主張。法院審酌保全證據所取得之相關資料，分析神隆公司之製程是否落入443專利之權利範圍。法院認爲，443專利第1項所使用之溶劑系統爲「水及含1至3個碳原子的脂系醇的混合物」，而神隆公司之製程則是「水／乙腈／冰醋酸的混合物」，二者不僅文義上不同，而不構成文義侵權，所採取之技術手段實質上亦不同，通常知識者亦無法輕易置換，故亦不適用均等論而不構成均等侵權。由於神隆公司並不侵害443專利，其提起本件確認之訴即有理由，法院因而判決確認，安萬特公司基於443專利對於神隆公司之排除侵害及損害賠償請求權均不存在[5]。

二、專利舉發

雖然民事程序中，被告可以抗辯專利權人所主張之專利有應撤銷事由，不過倘若法院採納該等抗辯，事實上僅屬於該個案中之認定，僅在該案中發生效力，其效力不及於其他第三人或其他產品[6]，換言之，該專利對外仍屬有效存在之專利。此

[5] 智慧商業法院99年度民專訴字第166號民事判決。

[6] 智慧財產案件審理法第16條：「（第1項）當事人主張或抗辯智慧財產權有應

外，在確認之訴中，雖然可以確認專利權人基於其專利權對於特定人之特定產品，並無專利法上之排除侵害及損害賠償請求權，其理由可能是專利權有無效事由（例如前開賽特瑞恩公司與赫孚孟拉羅公司間之爭議案件），惟此時法院亦非確認專利權無效[7]，僅是確認專利權人之請求權是否存在。易言之，專利權人未來仍得基於該等專利對於其他第三人、或甚至同一被告的不同產品，主張專利權所賦予之排除侵害及損害賠償請求權。倘若希望徹底撤銷專利權之效力，使其未來無從對任何人或任何產品主張權利，則宜循專利舉發程序。

(一) 舉發程序

爲使專利發生對世性無效，在我國僅能循專利舉發程序進行。現行程序上[8]，舉發人應準備舉發申請書，遞送智慧局後[9]，

撤銷、廢止之原因者，法院應就其主張或抗辯有無理由自爲判斷，不適用民事訴訟法、行政訴訟法、商標法、專利法、植物品種及種苗法或其他法律有關停止訴訟程序之規定。（第 2 項）前項情形，法院認有撤銷、廢止之原因時，智慧財產權人於該民事訴訟中不得對於他造主張權利。」

[7] 智慧財產案件審理細則第 29 條：「智慧財產民事訴訟當事人，就智慧財產權之效力或有無應撤銷、廢止之爭點，提起獨立之訴訟，或於民事訴訟中併求對於他造確認該法律關係之判決，或提起反訴者，與本法第十六條規定之意旨不符，法院應駁回之。」

[8] 智慧局就專利舉發程序，近年研議改採兩造對審制，相關救濟程序並準用民事訴訟制度，智慧局業於 2022 年 4 月 19 日將「專利法部分條文修正草案」函報行政院審查，預期日後將大幅改革相關程序，相關修法狀態誠值留意。參智慧局，法規公告，https://www.tipo.gov.tw/tw/cp-86-904977-18f99-1.html（最後瀏覽日：2022 年 10 月 30 日）。

[9] 專利法第 71 條第 1 項：「發明專利權有下列情事之一，任何人得向專利專責機關提起舉發……」同法第 73 條第 1 項：「舉發，應備具申請書，載明舉發聲明、理由，並檢附證據。」

再由智慧局轉由被舉發人（即專利權人）表示意見[10]。原則上，爲促進程序順利進行，避免延宕，舉發人提出舉發後，任何補充理由或證據應於三個月內提出，逾期提出，智慧局則不予審酌[11]；相對而言，專利權人應於收到舉發申請書後，一個月內答辯，不過可以附具理由向智慧局申請展延前開一個月期間[12]。例外時，智慧局可以再請雙方提出補充意見，不過雙方除非有申請展延，否則應於收到通知後一個月內提出補充意見[13]。

其次，目前專利舉發程序大多數採用書面審理，亦即智慧局僅依兩造所提之書面資料判斷專利有效性；不過，倘若智慧局認爲有必要，或依雙方當事人申請，亦得舉行聽證程序，俾利雙方以言詞陳述意見進行公開辯論[14]，協助智慧局理解相關爭議，並作成判斷[15]。

經由上開程序交換雙方意見，並釐清智慧局疑義後，智慧局即會作成處分。由於該等處分性質上屬於行政處分，故不服之一方可以向經濟部訴願委員會提起訴願，其審理後會再作成

[10] 專利法第74條第1項：「專利專責機關接到前條申請書後，應將其副本送達專利權人。」

[11] 專利法第73條第4項：「舉發人補提理由或證據，應於舉發後三個月內爲之，逾期提出者，不予審酌。」

[12] 專利法第74條第2項：「專利權人應於副本送達後一個月內答辯；除先行申明理由，准予展期者外，屆期未答辯者，逕予審查。」

[13] 專利法第74條第4項：「專利專責機關認有必要，通知舉發人陳述意見、專利權人補充答辯或申復時，舉發人或專利權人應於通知送達後一個月內爲之。除准予展期者外，逾期提出者，不予審酌。」

[14] 行政程序法第59條第1項：「聽證，除法律另有規定外，應公開以言詞爲之。」

[15] 相關細節可參專利舉發案件聽證作業方案。

訴願決定。不過，倘若在智慧局階段曾舉行聽證，不服之一方即無需提起訴願，可以逕行以智慧局為被告向智慧商業法院提起行政訴訟[16]。至於有進行訴願決定之情形，倘若經濟部訴願委員會駁回訴願，而維持智慧局之處分，此時不服之一方應以「智慧局」為被告，向智慧商業法院提起行政訴訟；惟若是經濟部訴願委員會撤銷原處分，而與智慧局持不同見解的情形，此時不服該訴願決定者，則應以「經濟部」為被告，向智慧商業法院提起行政訴訟[17]。

智慧商業法院第一審程序類似一般專利侵權訴訟之二審審理模式，是由三位法官組成之合議庭進行審理；此外，亦有書狀交換及言詞辯論的程序，且甚至舉發人針對智慧局舉發申請階段已提出之舉發理由（例如新穎性、進步性），可以再提出額外的獨立新證據[18]，智慧局及專利權人亦應針對該等新證據提出答辯[19]，避免舉發人另行以額外證據提出舉發申請，導致舉發程序陷入無限循環[20]，如此智慧商業法院可以一併審酌舉

---

[16] 行政程序法第108條第1項：「行政機關作成經聽證之行政處分時，除依第四十三條之規定外，並應斟酌全部聽證之結果。……」同法第109條：「不服依前條作成之行政處分者，其行政救濟程序，免除訴願及其先行程序。」

[17] 行政程序法第24條：「經訴願程序之行政訴訟，其被告為下列機關：一、駁回訴願時之原處分機關。二、撤銷或變更原處分時，為撤銷或變更之機關。」

[18] 智慧財產案件審理法第33條第1項：「關於撤銷、廢止商標註冊或撤銷專利權之行政訴訟中，當事人於言詞辯論終結前，就同一撤銷或廢止理由提出之新證據，智慧商業法院仍應審酌之。」不過，最高行政法院108年度判字第211號判決認為，僅限於舉發人為原告時，始有此條規定之適用，參頁151以下。

[19] 智慧財產案件審理法第33條第2項：「智慧財產專責機關就前項新證據應提出答辯書狀，表明他造關於該證據之主張有無理由。」最高行政法院104年度4月份第1次庭長法官聯席會議（二）。

[20] 智慧商業法院108年度行專訴字第52號行政判決。

發程序及行政訴訟所提出之相關證據後，再行作成判決認定專利之有效性爭議。而不服之一方，得再向最高行政法院提起上訴，再由最高行政法院五位法官組成的合議庭，審酌原判決在法律上有無違誤。

(二) 效力

依專利法之規定，倘若智慧局認爲舉發人之主張有理由、舉發成立後，專利權應予撤銷；嗣後倘若未再行救濟，抑或救濟後遭駁回確定，即爲撤銷確定，專利權效力視爲自始不存在[21]。

一旦撤銷確定，民事訴訟中，專利權人即無從再行對被控侵權人主張權利。例如，輝瑞公司爲臺灣第 198737 號「西里柯斯比（Celecoxib）組成物」發明專利（下稱 737 專利）之專屬被授權人，該專利請求項共計 13 項，經第三人提起舉發案後，智慧局認定 737 專利請求項 1 至 7、10 至 13 舉發成立，僅有請求項 8、9 舉發不成立，該等認定並經智慧商業法院及最高行政法院予以維持；因此，嗣後在輝瑞公司對瑞士藥廠所提起之專利訴訟中，智慧商業法院認爲，737 專利請求項 1 至 7、10 至 13 既然均已撤銷確定，自無從再對任何人主張權利，故法院僅需審酌請求項 8、9 之侵權爭議[22]。

---

[21] 專利法第 82 條：「（第 2 項）發明專利權經撤銷後，有下列情事之一，即爲撤銷確定：一、未依法提起行政救濟者。二、提起行政救濟經駁回確定者。（第 3 項）發明專利權經撤銷確定者，專利權之效力，視爲自始不存在。」

[22] 智慧商業法院 107 年度民專上字第 19 號民事判決。

柒、更正專利來得及嗎

專利行政舉發或民事侵權訴訟中，專利權人為因應舉發人或被告所提出之專利無效主張，除了可以積極說明其專利權符合專利法所定之相關要件以外，另一種手段即是透過「更正」推翻舉發人或被告之無效主張。亦即，透過更正專利請求項之方式，專利權人能夠減縮專利權範圍[1]，以避免其專利或特定請求項遭撤銷。

一、威而鋼專利之爭議

由於更正可以作為民事訴訟或舉發程序中的一種回應策略，實務上常見專利權人在遭專利無效之挑戰後，尋求「更正」途徑以確保專利有效性。

例如，輝瑞公司與南光製藥之專利爭議中，即有見此等做法。詳言之，早在 2011 年 11 月 4 日時，南光製藥即針對「威而鋼膜衣錠」所涉及輝瑞公司之 372 專利提起專利舉發，主張該專利不具產業利用性、新穎性及進步性，輝瑞公司隨後在 2012 年 2 月 3 日針對舉發提出答辯書，同時申請更正，其更正之內容如下粗體底線處：

---

[1] 專利法第 67 條第 1 項：「發明專利權人申請更正專利說明書、申請專利範圍或圖式，僅得就下列事項為之：一、請求項之刪除。二、申請專利範圍之減縮。三、誤記或誤譯之訂正。四、不明瞭記載之釋明。」

1. 誤譯之訂正

- 申請時外文說明書記載爲「non-toxic acid」，誤譯爲「無素酸」，故申請更正爲「無毒酸」。
- 申請時外文說明書記載爲「cAMP PDE Ⅱ」，誤譯爲「cGMP PDE Ⅱ」，故申請更正爲「cAMP PDE Ⅱ」。

2. 誤記之訂正

- 說明書記載之化合物名稱爲「吡啶並嘧啶酮類」、「吡唑[4，3-d] 嘧啶 -7- 酮基」或「吡唑酚 [4，3-d] 嘧啶 -7- 酮基」，屬於誤記，372 專利之發明是有關式 (I) 化合物的使用，通常知識者應可理解式 (I) 之結構式應爲「吡唑并嘧啶酮類」、「吡唑 [4，3-d] 嘧啶 -7- 酮」或「吡唑 [4，3-d] 嘧啶 -7- 酮」，故申請更正之。
- 說明書記載之化合物名稱爲「4-N(R11)- 六氫吡啶基」或「4-N(R12)- 六氫吡啶基」，屬於誤記，依說明書及請求項所載，通常知識者應可理解應爲「4-N(R11)- 六氫吡哄基」或「4-N(R12)- 六氫吡哄基」，故申請更正之。

3. 不明瞭記載之釋明

- 說明書記載之化合物名稱爲「4- 甲基 - 六氫吡哄磺醯基」，通常知識者應可理解其結構應相同於「4- 甲基 **-1-** 六氫吡哄磺醯基」，故申請更正之。

4. 請求項3完全刪除

5. 申請專利範圍減縮及誤記之訂正，輝瑞公司申請更正請求項1、2，以下茲舉其請求項1為例

請求項	更正前	更正後
1	一種用於治療或預防雄性動物（包括男人）之勃起不能的藥學組成物，其包含式(I)所示之化合物 (1) 其中，R1是甲基或乙基；R2是C1-C3烷基；R3是C2-C3烷基；R4是經NR5R6取代之乙醯基，經NR5R6取代之羥乙基，或為SO2NR9R10，R5和R6與連接彼之氮原子一同形成嗎啉基；R9和R10與連接彼之氮原子一同形成4-N(R12)-吡基；R12是氫，C1-C3烷基或（羥基）C2-C3烷基；或是其在藥學上可接受的鹽類，連同藥學上可接受的稀釋劑或載體。	一種用於治療或預防雄性動物（包括男人）之勃起不能之口服藥學組成物，其包含式(I)所示之化合物 (1) 其中，R1是甲基；R2是C3烷基；R3是C2烷基；R4是SO2NR9R10；R9和R10與連接彼之氮原子一同形成4-N(R12)-六氫吡哄基；R12是C1烷基；或是其在藥學上可接受的鹽類，連同藥學上可接受的稀釋劑或載體。

關於上開更正申請，智慧局認爲，由於其並未實質擴大或變更公告時之申請專利範圍，符合專利法第67條更正之規定，故准予更正。然而，智慧局審酌南光製藥所提出之相關前案組合，仍認定372專利不具進步性，應予撤銷[2]。

南光製藥對於智慧局准予更正之部分不服，遂向經濟部提

[2] 智慧局2014年12月2日（103）智專三（四）01027字第10321694670號專利舉發審定書。

起訴願；輝瑞公司則對於智慧局認定372專利應予撤銷之部分不服，亦提起訴願。經濟部其後維持智慧局就更正部分之判斷[3]；惟認爲372專利應有進步性，故撤銷智慧局該部分處分，要求智慧局另爲處分[4]。因此，不論更正或有效性爭議，輝瑞公司在訴願階段均取得對其有利之認定。

南光製藥對於經濟部前揭處分均不服，遂再向智慧商業法院提起行政訴訟，智慧商業法院當時再度翻盤，認爲准予更正及肯認進步性之處分均應予撤銷，不過法院主要僅是因專利權人之爭議，而撤銷原處分；詳言之，智慧商業法院當時認爲，372專利在讓與過程中有不連續之情事，故「輝瑞愛爾蘭藥廠私人無限責任公司」應未取得專利權，而其所申請之更正即非合法，因此未依更正前的申請專利範圍判斷進步性亦有違誤[5]。

輝瑞公司因而向最高行政法院提起上訴，最高行政法院則與前述最高法院之民事案件持類似之見解[6]，認爲智慧商業法院認定「輝瑞愛爾蘭藥廠私人無限責任公司」並非專利權人，有悖於相關證據資料之解讀，且亦與私權判定之民事法院調查結果有違，故最高行政法院廢棄智慧商業法院之行政判決[7]。

智慧商業法院隨後更審階段，維持最初智慧局針對更正所作成之處分，以及經濟部肯認進步性之決定。詳言之，智慧商

[3] 經濟部2015年7月15日經訴字第10406306500號訴願決定。

[4] 經濟部2015年12月1日經訴字第10406307010號訴願決定。

[5] 更正：智慧商業法院104年度行專訴字第79號行政判決。進步性：智慧商業法院105年度行專訴字第9號行政判決。

[6] 參第貳章第二節之說明，頁24以下。

[7] 最高行政法院108年度判字第465號、108年度判字第466號判決。

業法院肯認「輝瑞愛爾蘭藥廠私人無限責任公司」是專利權人後，認爲其所爲之更正，均是專利法上所肯認之合法態樣，亦即屬於誤記或誤譯之訂正、不明瞭記載之釋明、請求項之刪除、申請專利範圍之減縮，因此認定該等更正應屬合法。而更正後之請求項具有產業利用性，相關前案亦不足以證明不具新穎性或進步性，故 372 專利應屬有效專利[8]。

二、更正之時間

爲在專利權人之更正權利及舉發案件之時效性間取得平衡，原則上在舉發程序進行中時，專利權人申請更正，僅得在智慧局通知其答辯、或對舉發人補提證據理由時之補充答辯、或通知專利權人不准更正之申復期間內爲之；不過，倘若有民事侵權訴訟或舉發行政訴訟時，專利權人不受前述三種期間之限制，而隨時得申請更正[9]。

不過，倘若專利權遭認定舉發成立，應予撤銷，此時因智慧局之處分已發生拘束力，故在行政訴訟程序將該處分撤銷前，專利權人並無從申請更正；易言之，專利權人僅得在行政程序中，針對舉發不成立之請求項申請更正[10]。爲取得衡平，最高行政法院則有見解認爲，在舉發成立後，專利權人提起行政訴訟之情形，此時應不准舉發人在行政訴訟程序中提出新證據，以避免專利權人因無從更正，導致雙方攻防地位有所不平

[8] 智慧商業法院 108 年度行專更（一）字第 5、6 號行政判決。

[9] 專利法第 74 條第 3 項。

[10] 專利審查基準第二十章第 2 點。

等[11]。

另一方面，在舉發不成立之情形，舉發人嗣後提起行政訴訟，雖然舉發人得提出新證據[12]，而智慧商業法院審理期間，專利權人亦得提起更正申請；不過最高行政法院認爲，由於專利更正是由智慧局審查、准駁並公告[13]，故此時應待智慧局更正處分之結果，確認更正是否准許、更正後之申請專利範圍與技術內容等後，智慧商業法院始得續行審理舉發案件，雖然如此勢必造成舉發程序有所延滯，不過此是法院及當事人所不得不接受之不利益[14]。

三、與民事訴訟間之關係

在舉發行政訴訟中，專利權人視情形申請更正，只是智慧商業法院需待智慧局更正處分後，始得續行審理舉發爭議。另一方面，在民事侵權訴訟中，亦不乏專利權人採行此等因應策略，稱爲「更正再抗辯」[15]。

---

[11] 最高行政法院108年度判字第211號判決。

[12] 智慧財產案件審理法第33條第1項。

[13] 專利法第68條：「（第1項）專利專責機關對於更正案之審查，除依第七十七條規定外，應指定專利審查人員審查之，並作成審定書送達申請人。（第2項）專利專責機關於核准更正後，應公告其事由。」

[14] 最高行政法院105年度判字第337號判決。

[15] 智慧商業法院106年度民專訴字第100號民事判決：「在民事專利侵害訴訟，被告抗辯專利權有應撤銷之原因（無效抗辯），原告爲解消（排除）無效事由，維護其專利之有效性，除積極舉證反駁外，最主要防禦方法（對抗手段），即藉由更正系爭專利之申請專利範圍推翻無效抗辯事由，以確保專利權之行使，此即爲日本實務及學理所通稱之『更正再抗辯』、『對抗主張』。」

不過，相較行政法院，民事法院在更正之判斷上有時更為積極。例如在輝瑞公司及南光製藥間之民事專利侵權訴訟，法院即援引智慧財產案件審理法關於其得自行判斷專利有效性之規定[16]，自行判斷是否應准予372專利之更正[17]；此外，智慧商業法院曾在其他案件中，亦有認為倘若需等待智慧局作成更正處分後，始得繼續侵權爭議，如此將拖延訴訟審理時程，因此民事法院應有權逕行判斷更正合法性[18]。不過，依智慧財產案件審理細則之規定，民事法院在更正之申請顯然不應被准許，或依准許更正後之請求範圍，不構成專利權侵害時，得即為本案之審理；在上開情形以外之情形，法院則應斟酌更正程序之進行程度，並徵詢兩造之意見後，再指定適當之期日；依立法理由之說明，似乎擬規劃法院仍應等待智慧局更正處分後，再行審理民事侵權爭議[19]，如此是否與法院前述見解有所齟齬，誠值深思。

[16] 智慧財產案件審理法第16條。

[17] 智慧商業法院109年度民專上更（一）字第1號民事判決。智慧商業法院108年度民專訴字第89號民事判決同此見解。

[18] 同前註15。

[19] 智慧財產案件審理細則第32條立法理由：「當事人提起專利權侵害民事訴訟，法院須判斷侵害專利權之標的物是否屬於專利權之權利範圍，以判斷有無侵害之事實，如當事人主張或抗辯專利權有撤銷之原因，而專利權人已向智慧財產專責機關申請更正，則是否有侵害專利權範圍，須待智慧財產專責機關審核後，始能判定。因之，受理之法院應斟酌其更正程序進行程度及兩造意見後，指定適當期日。」

捌、專利連結訴訟有不一樣嗎

上開攻擊防禦方法，不論傳統專利訴訟或專利連結訴訟基本上並無不同；不過，因專利連結制度將專利侵權訴訟之戰場，大幅提前至學名藥查驗登記申請之階段，訴訟當下學名藥藥品尚未上市，專利權人提起訴訟之請求權基礎、以及該等主張與傳統免責事由之關係，均可能需有相應調整。

一、請求權基礎

在過去一般醫藥專利訴訟中，或其他產業之專利訴訟中，專利權人會發現有專利侵權之爭議，通常是因學名藥藥商或被控侵權人在市場上販賣被控侵權品，專利權人發現該等情事，而主張學名藥藥商採行專利法所評價之侵害行爲（即製造、爲販賣之要約、販賣、使用或爲上述目的而進口）。

不過，專利連結制度下，專利權人發現學名藥藥商可能之侵權行爲，是在學名藥藥商通知專利權人其提出 P4 聲明時[1]，專利權人並需於 45 日內決定是否提起訴訟[2]。惟學名藥藥商僅提出藥證申請，尚無具體製造、爲販賣之要約、販賣、使用或爲上述目的而進口等行爲，如何主張學名藥藥商採行專利法所禁止之侵害行爲，在專利連結制度施行以來，相關案件中均有爭議。

---

[1] 藥事法第 48 條之 12。

[2] 藥事法第 48 條之 13。

(一) 智慧商業法院之看法

案例

在臺灣第一件專利連結訴訟中，中化公司以默沙東公司之衛署藥輸字第 024058 號「怡妥錠 10 公絲」（下稱怡妥錠藥品）作爲對照新藥，擬申請學名藥怡優脂錠 10 毫克（下稱怡優脂藥品），針對怡妥錠藥品所登載之臺灣第 I337076、I337083 號發明專利（下稱 076 專利、083 專利），中化公司認爲怡優脂藥品並未侵害該等專利，故提出 P4 聲明，並於 2020 年 1 月 8 日收受衛福部之資料齊備通知，中化公司遂依法通知默沙東公司，並經默沙東公司於 2020 年 1 月 13 日收受該通知，默沙東公司遂於 2020 年 2 月 24 日提起專利侵權訴訟，主張怡優脂藥品侵害 076 專利、083 專利。

訴訟中，中化公司抗辯，依專利法第 60 條之規定，學名藥藥商爲取得藥證之相關必要行爲，不受專利權效力所及，而目前專利法並無就專利連結制度有配合修法，國際間有專利連結制度之國家美國、加拿大及韓國等，均有就專利連結訴訟另行立法明文化主張專利權侵害之請求權基礎，可見學名藥藥商在藥證申請階段，基於專利權效力所不及之規定，無從構成任何專利侵權行爲，默沙東公司自不得針對中化公司提起專利侵權訴訟。

1. 以專利法第96條第1項後段作為請求權基礎

智慧商業法院並未接受中化公司之抗辯，其認爲專利法上本即賦予專利權人防止侵害之請求權。依專利法第 96 條第 1 項之規定：「發明專利權人對於侵害其專利權者，得請求除去之。有侵害之虞者，得請求防止之。」，因此，倘若專利權侵害之情事，實際上尚未發生，不過專利權有遭侵害的可能，並有預先防範的必要，即屬前開規定所謂「有侵害之虞得請求防止」之情形，專利權人本得以此等規定作爲基礎，請求防止侵害。另一方面，雖然我國立法上有相應之修法草案，使專利權人在專利連結訴訟下，有更明確的請求權基礎；不過在修法草案未通過前，既然現行專利法已明確賦予請求權基礎，專利權人自得循該等規定進行主張，以預先澄清未來取得藥證之學名藥是否有侵害之虞[3]。

法院進一步認定，本案雙方因專利連結制度開啓專利訴訟，訴訟過程中，衛福部完成藥證審查程序，並通知中化公司，中化公司並得依藥事法第 48 條之 15 之規定向健保署申請藥品收載及支付價格核價，待停止發證期間屆滿，衛福部即會發給藥證；而中化公司在訴訟進行中，更堅稱其怡優脂藥品上市後不會侵害 076 專利、083 專利。既然怡優脂藥品落入 083 專利之範圍，綜合上開情形，可見倘若並無公權力加以介入節制中化公司之行爲，中化公司自有可能在取得藥證後，採行藥證所准許之製造行爲，故實有防範必要，故專利權人自有權依專利法第 96 條第 1 項後段之規定，請求防止侵害。此外，雖

[3] 智慧商業法院 109 年度民專訴字第 46 號民事判決。

然中化公司過去曾有取得藥證後，未為實際商業使用之情形，不過如此可能是出於商業、資金、成本等諸多不同考量，單以過去未實際依其藥證為商業使用，並無法證明本案未來亦無侵害風險[4]。

在後續其他專利連結訴訟中，法院亦幾乎持相關見解，准予專利權人依專利法第 96 條第 1 項後段之規定，請求防止侵害[5]。

2. 禁止之行為

再者，默沙東公司雖如一般專利權人，請求法院命中化公司不得直接或間接、自行或委請他人採行製造、為販賣之要約、販賣、使用及進口等侵害專利權之行為；惟智慧商業法院認為，中化公司是自行製造怡優脂藥品，除其向衛福部申請製造之藥證以外，並無其他證據顯示中化公司可能採行其他行為，故可認為中化公司可能侵害專利權之行為僅有「製造」行為；況且，由於專利連結訴訟是為防止日後侵害的風險，禁止被告之行為應以具有防止風險必要且足以防止者為限，不應過廣。因此，默沙東公司請求中化公司不得製造怡優脂藥品，應可准許，除此以外之行為（即直接或間接、委請他人，以及為販賣之要約、販賣、使用及進口），均不應准許。惟日後若中化公司有採取製造以外之行為時，自然對於默沙東公司之專利權造成侵害[6]。

---

[4] 同前註。

[5] 智慧商業法院 110 年度民專訴字第 11 號、110 年度民專訴字第 9 號民事判決。

[6] 同前註 3。

上開見解在另案阿斯特捷利康公司與生達公司間之專利連結訴訟，針對生達公司自行製造之學名藥，法院認定落入阿斯特捷利康公司之專利權後，亦針對禁止之行爲範圍有類似之看法。該案中，阿斯特捷利康公司甚至進一步主張，專利權禁止之完整範圍本應包含爲販賣之要約、販賣等行爲，倘若法院僅禁止製造，未來生達公司在專利權到期前，可以先爲行銷等販賣之要約或要約行爲，並先行與第三人簽約，將出貨日壓在專利權到期後即可，惟此等行爲當然會對專利權造成侵害風險，故應完整禁止生達公司採行任何專利侵權行爲。不過，智慧商業法院仍然認爲，專利法所賦予之侵害防止請求權，應以「既存之危險狀況」進行評估，判斷是否有禁止被告行爲的必要性；而由於言詞辯論時，並無跡象顯示生達公司會在專利權到期前，先行爲販賣之要約或販賣等行爲，且縱使日後生達公司眞有採行該等行爲，阿斯特捷利康公司亦得另行提起訴訟，屆時就專利權侵害之爭點亦可能參考本案之認定，故生達公司是否會無視法院本案之認定，應非無疑；更何況，阿斯特捷利康公司前開主張，僅是出於片面擔憂，倘若所有擔憂均可認爲專利權有遭侵害的可能，則本於風險防止而起訴之事件，專利權人請求禁止之作爲恐將無邊無際，故難認有准予禁止製造以外其他行爲之依據[7]。

不過，在另案阿斯特捷利康公司與東生華公司間之專利連結訴訟，東生華公司進口藥品之情形，法院雖亦認爲侵害阿斯特捷利康公司之專利權，而阿斯特捷利康公司得依專利法第

[7] 智慧商業法院110年度民專訴字第11號民事判決。

96條第1項後段之規定，請求防止侵害，惟法院主要僅認爲東生華公司選擇P4聲明，應即有在專利到期前盡快取得藥證之冀望，法院並未逐一針對不同行爲所可能造成侵權之風險進行審酌，反而如一般專利侵權訴訟，判決命東生華公司不得直接或間接、自行或委請他人製造、爲販賣之要約、販賣、使用或進口其藥品[8]。

3. 與試驗免責之關係

回到默沙東公司與中化公司間之爭議，中化公司雖抗辯，其申請藥證之行爲應適用專利法第60條試驗免責之規定[9]；惟智慧商業法院認爲，依專利法第60條立法理由之說明，所謂試驗免責，是指以申請藥證爲目的，申請前、後所爲之試驗及相關實施專利行爲，均爲專利權效力所不及；亦即，雖然相關試驗或專利實施行爲可能落入專利排他權之範圍內，不過法律上直接規定專利權不能對於此等行爲行使權利。另一方面，學名藥藥商提出藥證申請的行爲，本來就不是專利法上所定之專利實施行爲（即製造、爲販賣之要約、販賣、使用或爲上述目的而進口），如此也就沒有需要就此情形規定免責、豁免專利權效力的必要。因此，專利法第60條試驗免責之規定，本應不涵蓋學名藥藥商申請藥證的行爲，故中化公司嘗試以此抗辯其應受該等規定保護，不足採信。

---

[8] 智慧商業法院110年度民專訴字第9號民事判決。

[9] 專利法第60條：「發明專利權之效力，不及於以取得藥事法所定藥物查驗登記許可或國外藥物上市許可爲目的，而從事之研究、試驗及其必要行爲。」

(二) 專利法第60條之1

為使專利連結訴訟下，專利權人之起訴依據更加明文化，2022年7月1日施行之專利法第60條之1規定：「（第1項）藥品許可證申請人就新藥藥品許可證所有人已核准新藥所登載之專利權，依藥事法第48條之9第4款規定為聲明者，專利權人於接獲通知後，得依第96條第1項規定，請求除去或防止侵害。（第2項）專利權人未於藥事法第48條之13第1項所定期間內對前項申請人提起訴訟者，該申請人得就其申請藥品許可證之藥品是否侵害該專利權，提起確認之訴。」[10]。此等修法與目前專利連結訴訟案件中法院之認定相當，肯認專利權人一旦接獲P4聲明之通知後，得以專利法第96條第1項之規定作為依據，故目前相關案件中法院之解釋，亦可能對於後續循專利法第60條之1規範進行攻防之當事人，有一定之影響。此外，因專利法第60條之1明文規定，被告亦可能更難以專利法第60條等免責規定為由，抗辯專利權人欠缺起訴依據。不過，學名藥藥商得以提起確認之訴亦更加明確，專利權人倘若未於收受P4聲明之通知後45日內提起訴訟，學名藥藥商依法即得提起確認之訴，如此規定應有助於降低學名藥藥商需證明確認利益是否存在之困難。

此外，在修法過程中，針對專利權人除了就已登載專利提起訴訟以外，是否得以併同就未登載專利提起訴訟，曾有正、反不同意見。有認為，併同起訴有助於紛爭一次解決，避免學名藥上市後，卻又要再面對一次專利侵權訴訟；惟亦有認為，

---

[10] 2022年6月13日行政院院臺經字第1110017213號令。

倘若在藥證申請階段，即允許專利權人併同已登載及未登載專利提起訴訟，無疑使未登載專利享受專利連結制度之效果，恐非妥適[11]。

雖然專利連結制度施行以來，法院尚未針對專利權人併同已登載及未登載專利提起訴訟之情形，表達其意見。不過，在專利連結制度施行以前，法院即曾針對專利權人就尚未上市之學名藥主張專利侵權之情形，肯認專利權人應有侵害防止請求權。如前述禮來公司與捷安斯公司間之證據保全爭議，捷安斯公司尚未推出其學名藥，僅是透過其公司網站等相關管道宣傳將取得學名藥藥證並上市，法院即肯認禮來公司得依專利法第96條第1項之規定主張權利[12]。由此等專利連結制度施行前之案件，即可見專利權人在學名藥上市前有權提起訴訟，並非是因專利權經過登載，畢竟專利連結制度施行前並無專利登載之要求；易言之，專利權人提起訴訟，本得以專利法所賦予之排除或防止侵害請求權作爲基礎。因此，在專利連結訴訟中，或宜肯認專利權人得依專利法第96條第1項後段之規定，併同已登載及未登載專利提起訴訟，以釐清侵權疑義，並有助於紛爭一次解決。

---

[11] 公共政策網路參與平臺（2020），〈公告專利法第60條之1修正草案〉，https://join.gov.tw/policies/detail/2cdcc370-36ac-47d4-a313-43a82495af20（最後瀏覽日：2022年6月2日）。

[12] 智慧商業法院103年度民專抗字第5號民事裁定。

二、侵權比對標的

在一般醫藥專利訴訟中，倘若有被控侵權品之實品，大多數案件的專利權人會利用實品、仿單、藥證、查驗登記資料等[13]，與其專利權直接進行分析，以證明專利權受侵害之情事。

不過，在專利連結訴訟下，專利權人可能難以取得被控侵權品之實品，且藥證正在審理中亦尚未核發，如何認定專利權受侵害之情事，即造成個案舉證上及審理上的挑戰。

在目前專利連結訴訟中，智慧商業法院大多以學名藥之藥品仿單作為侵權認定之依據。詳言之，法院認為，由於專利連結訴訟主要在預先審理學名藥是否落入專利權，並預防未來專利權侵害之可能，而藥品仿單是衛福部評估確認藥品療效及安全性之資料，故可依藥品仿單所載內容判斷專利侵權疑義。不過，由於臨床醫學一向強調實證醫學之概念，經由人體臨床試驗評估藥品療效及安全性，並以試驗結果作為藥證核准之依據，故在適應症之範圍上，應考量藥品仿單所引用人體臨床試驗族群及結果[14]。

因此，在默沙東公司及中化公司間之專利連結訴訟中，法院即依學名藥藥品仿單所載之「適應症」、「說明」、「臨床試驗」等內容，與專利權進行分析比對[15]。

---

[13] 例如，智慧商業法院108年度民專訴字第89號民事判決以實品、仿單、查驗登記資料進行侵權認定。智慧商業法院109年度民專上更（一）字第1號民事判決以藥證進行侵權認定。智慧商業法院106年度民專訴字第84號民事判決以實品進行侵權認定。

[14] 同前註3。

[15] 同前註。

案例

阿斯特捷利康公司是720專利「用於治療異質接合家族性血膽固醇過多症之醫藥組合物」之專利權人，東生華公司因以720專利所涉及之專利藥爲對照新藥，提出新複方製劑「脂可妥錠藥品」之藥證申請，遂爲P4聲明，並通知阿斯特捷利康公司。

依東生華公司通知中所檢附之部分仿單擬稿內容，其適應症記載「原發性高膽固醇血症」及「適用於作爲飲食的輔助療法，用於原發性高膽固醇血症病人（不含異型接合子家族性）或混合型血脂異常病人可降低升高的總膽固醇、低密度脂蛋白（LDLC）、脂蛋白元（Apo-B）、非高密度脂蛋白膽固醇（non-HDL-c）和三酸甘油脂以及提升高密度脂蛋白膽固醇」。阿斯特捷利康公司遂提起訴訟，主張脂可妥錠藥品構成720專利之侵害。

不過訴訟中，東生華公司修改其仿單擬稿內容，將第一段適應症之記載再加註「原發性高膽固醇血症（不含異型接合子家族性）」，此外刪除前開第二段適應症之內容。阿斯特捷利康公司因而主張，此等修改僅係試圖規避侵害720專利之事實，修改後之仿單應不可用以證明不侵權之情事，應以原始仿單作爲判斷依據。

東生華公司抗辯，既然專利連結制度是在釐清未來學名藥上市後是否有侵權疑慮，而修改後仿單才是目前衛福部正在審查之對象，故應以修改後仿單作爲侵權比對分析對象。

該案法院在認定上並非簡單依修改前或修改後之仿單作爲侵權認定依據，法院延續前開實務見解之解釋，進一步說明，藥品是否落入專利權所請求之範圍，並非僅憑藥品仿單所載適應症爲據，尤其東生華公司在訴訟過程中修改仿單，該等仿單對於侵權分析之參考價値恐有疑慮，故應以藥品仿單所引用之人體臨床試驗結果而賦予藥品本身的療效爲準[16]。

法院審酌，臨床醫師開立降膽固醇藥品時，不需診斷病患是否爲異型接合子家族性高膽固醇血症患者，醫師之證述亦與此等臨床實務相符，亦即臨床醫師不會先行判斷病患屬於何種基因型家族性高膽固醇血症後，再予以治療；準此，法院認定，東生華公司適應症之記載縱使排除「異型接合子家族性」，事實上應難以應用於實際治療，不符合臨床治療實務。況且，基於臨床試驗結果，脂可妥錠藥品應具有治療異型接合子家族性高膽固醇血症之療效。因此，脂可妥錠藥品應有落入阿斯特捷利康公司之 720 專利權範圍[17]。

上開法院判決依仿單、試驗結果等相關資料進行侵權分析，固有見地，且該案嗣後雖經東生華公司上訴，惟智慧商業法院亦僅基於 720 專利權期間在二審訴訟程序中屆滿，因而認爲已無權利保護必要，廢棄原判決，並未實質上認爲原判決相關理由論述有瑕疵。然而，人體臨床試驗結果是否賦予藥品本身的療效、適應症之記載得否應用於實際治療等，此應涉及衛福部之裁量權限，民事法院於衛福部判斷前，即自行介入判

[16] 同前註 8。

[17] 同前註。

斷，是否妥適，抑或是否有命衛福部參加訴訟之需要[18]，以周全判斷專利權侵害之可能性，或值進一步思考。

三、損害賠償

專利連結訴訟另一特點之一，即在於通常不涉及損害賠償計算之爭議。由於學名藥藥商在專利連結訴訟發起當下，通常尚在申請藥證之階段，尚未造成專利權人受有損害，因此專利連結訴訟中，重點主要均在於侵害防止，亦即避免學名藥未來取得藥證後開始專利權之實施行爲，並影響專利權之排他效力。

不過，倘若專利連結訴訟並未在學名藥藥證核准前終局確定，訴訟過程中，學名藥可能基於商業策略或銷售專屬期間之六個月限制[19]，而仍決意上市，嗣後若遭認定侵權，則仍可能有損害賠償之爭議。過去相關訴訟中的損害賠償計算之主張、抗辯及法院認定，即仍可作爲參考。

詳言之，在專利法上，專利權人可以選擇三種方式計算其損害：

---

[18] 例如，依智慧財產案件審理法第 17 條之規定，關於訴訟中當事人主張或抗辯智慧財產權有應撤銷、廢止之原因時，法院爲判斷此等主張或抗辯，「於必要時，得以裁定命智慧財產專責機關參加訴訟。」依其立法理由，此乃是因智慧財產專責機關爲智慧財產註冊審核之主管機關，智慧財產訴訟之結果，與智慧財產專責機關之職權有關，自宜使其得適時就智慧財產之訴訟表示專業上意見，故明定法院認有必要時得命其參加訴訟。

[19] 藥事法第 48 條之 17 第 1 項：「學名藥藥品許可證所有人，應自領取藥品許可證之次日起六個月內銷售，並自最早銷售日之次日起二十日內檢附實際銷售日之證明，報由中央衛生主管機關核定其取得銷售專屬期間及起迄日期。」

- 專利權人所受損害及所失利益；
- 被控侵權人侵權所得利益；或
- 合理權利金。

此外，倘若被控侵權人之侵害行爲出於故意，爲促進專利權人之有效受償，同時遏止相關權利侵害行爲，專利權人可以再請求法院酌定上開損害額三倍以內之數額作爲懲罰性損害賠償[20]。

實務上，考量舉證之難易，專利權人大多循被控侵權人所得利益作爲損害賠償計算的基礎。例如，在輝瑞公司與南光製藥間之專利侵權案件，輝瑞公司即以南光製藥之侵權所得利益，並搭配懲罰性損害賠償，作爲損害賠償數額計算之主張。而法院於計算侵權所得利益上，即審酌南光製藥之銷售數量、單價、盤存等資訊作爲計算所得利益之基礎，並考量「輝瑞公司曾寄發律師函通知南光製藥不得再製造販賣侵權藥品，惟南光製藥仍未停止之，侵害行爲期間長達五年，侵害情狀嚴重，且南光製藥公司規模甚大，亦爲製藥競爭廠商，應對輝瑞公司之專利權知之甚詳，二者採用之技術相似度甚高；此外，南光製藥在本案訴訟後，更對外發布新聞稿表示專利有效性有疑

---

[20] 專利法第 97 條：「（第 1 項）依前條請求損害賠償時，得就下列各款擇一計算其損害：

一、依民法第二百十六條之規定。但不能提供證據方法以證明其損害時，發明專利權人得就其實施專利權通常所可獲得之利益，減除受害後實施同一專利權所得之利益，以其差額爲所受損害。

二、依侵害人因侵害行爲所得之利益。

三、依授權實施該發明專利所得收取之合理權利金爲基礎計算損害。

（第 2 項）依前項規定，侵害行爲如屬故意，法院得因被害人之請求，依侵害情節，酌定損害額以上之賠償。但不得超過已證明損害額之三倍。」

慮，歐洲已認定無效，南光製藥亦在臺灣提起舉發，在臺灣法院判決確定前，南光製藥之藥品合法性並無疑義，照常進行所有產銷活動云云」等情事，進而認定南光製藥顯然忽略日本、中國等其他國家肯認該專利有效性之見解，相關作爲可見南光製藥應是希冀在藥品市場搶得一席之地，應有侵害專利權之故意，惡性非輕，故酌定損害額 2 倍作爲懲罰性損害賠償，共計 148,312,475 元，並判定輝瑞公司僅請求 1 億 3,500 萬元，應予准許[21]。

不過，除了常見的侵權人所得利益之計算方式，實務上近期亦有見解以專利權人之所失利益計算損害賠償，此等計算方式以新藥藥價與學名藥銷售量作爲計算基礎，可能相較學名藥藥價與學名藥銷售量之侵權所得利益，會得出較高的損害賠償數額。

案例

赫爾辛公司與羅氏公司爲臺灣第 I342212 號「帕洛諾司瓊之液體醫藥配方」發明專利（下稱 212 專利）之共有人，赫爾辛公司認爲南光製藥之「嘔克朗注射劑」侵害 212 專利，遂提起訴訟。訴訟中，赫爾辛公司優先依專利法第 97 條第 1 項第 1 款之規定（即專利權之所受損害及所失利益），再依同條項第 2 款之規定（即被控侵權人侵權所獲利益），主張赫爾辛公司具體所受損害所失利益及南光製藥侵權所獲實際利益均遠超過 1,000 萬元，再依專利法第 97

[21] 智慧商業法院 109 年度民專上更（一）字第 1 號民事判決。

條第 2 項之規定酌定三倍損害賠償數額，故南光製藥應負 3,000 萬元之損害賠償責任。

南光製藥抗辯，「嘔克朗注射劑」並未造成赫爾辛公司之損害，赫爾辛公司不僅未提出「嘔克朗注射劑」上市後，導致同成分之原廠藥「嘔立舒注射劑」銷售量減少之證據，亦未提出「嘔克朗注射劑」銷售數量之證據。此外，原廠藥「嘔立舒注射劑」依藥事法第 40 條之 2 第 1 項規定所公開之相關專利權[24]，並未包括 212 專利，南光製藥無從知悉 212 專利是製造「嘔立舒注射劑」所必須之技術；況且，原廠藥「嘔立舒注射劑」亦未依專利法第 98 條之規定[25]，在包裝上標示 212 專利，南光製藥亦未使用 212 專利技術。準此，南光製藥不應負擔損害賠償責任。

智慧商業法院在本案中認定 212 專利有效，且「嘔克朗注射劑」[24] 落入該專利範圍後，隨即計算損害賠償數額。法院計算上並未完全接受赫爾辛公司之主張及南光製藥之抗辯，惟仍判決命賠償 20,091,672 元，法院認定的幾個重點如下：

[22] 本案並非專利連結訴訟，此處並非指專利連結制度下，衛福部依藥事法第 48 條之 8 於西藥專利連結登載系統所登載之專利資訊，而是依藥事法第 40 條之 2 所揭露之專利號。

[23] 專利法第 98 條：「專利物上應標示專利證書號數；不能於專利物上標示者，得於標籤、包裝或以其他足以引起他人認識之顯著方式標示之；其未附加標示者，於請求損害賠償時，應舉證證明侵害人明知或可得而知爲專利物。」

[24] 本案涉及「嘔立舒注射劑」成品檢驗規格方法、仿單變更前後之產品，法院認爲變更前產品侵權，變更後產品不侵權，惟此處旨在說明損害賠償計算，爲行文方便，僅以變更前之「嘔立舒注射劑」說明之。

1. 南光製藥具有侵害212專利之故意

雖然原廠藥「嘔立舒注射劑」依藥事法第40條之2第1項規定所公開之相關專利權，並不包含212專利，且原廠藥亦無在包裝上標示212專利；惟南光製藥公司登記之營業項目涵蓋各式藥品，更是頗具規模之藥廠，有多項藥品經核准上市，公司組織並有設立研發處法規暨醫藥事務部，在藥品研發過程進行相關法規解析。而212專利既然經過公開，任何人均可查詢其內容，南光製藥執意以212專利技術製造「嘔克朗注射劑」，而無採取任何迴避設計，可見南光製藥對於「嘔克朗注射劑」侵害212專利，應不違反其本意，故南光製藥應有侵權之故意[25]。

2. 損害賠償數額

關於赫爾辛公司選擇以所受損害及所失利益計算損害賠償，法院認爲，倘若南光製藥並無專利侵權行爲，市場上則無「嘔克朗注射劑」；而赫爾辛公司主張，市場所接受並進用之化療止吐用藥僅有「嘔克朗注射劑」及「嘔立舒注射劑」，南光製藥亦無否認。由於原廠藥與學名藥具有直接替代性，故當醫療院所選擇「嘔克朗注射劑」，等於宣告原廠藥「嘔立舒注射劑」在該醫療院所無法獲得採購，故赫爾辛公司以南光製藥製造「嘔克朗注射劑」之總量，以及原廠藥「嘔立舒注射劑」2019年4月1日至2020年9月30日之健保核價732元、2020年10月1日迄今爲706元，進行計算，認定賠償金額爲

[25] 智慧商業法院108年度民專訴字第89號民事判決。

10,045,836元[26]。另由於南光製藥有專利權侵害之故意，故應再依專利法第 97 條第 2 項規定，酌定實際損害額之兩倍作爲懲罰性損害賠償，本案南光製藥應負 20,091,672 元之損害賠償責任（計算式：10,045,836 元 X2 ＝ 20,091,672 元）[27]。

---

[26] 同前註。

[27] 同前註。

玖、還有公平交易法

專利權之正當行使固然應受法律所保障，不過過去藥商間曾因不當行使專利權而衍生公平交易法（下稱公平法）之爭議，法院甚至判決專利權人應負 5,000 萬元的損害賠償責任。此外，在專利連結制度下，依國外經驗，亦有衍生逆向付款（reverse payment）之爭議；例如專利權人針對被控侵權人提起專利侵權訴訟後，卻與被控侵權人達成和解協議，同意支付一定金額或利益予被控侵權人，而被控侵權人則同意在專利權到期前不推出特定藥品，此等和解協議與通常和解協議由被控侵權人支付一定金額或利益予專利權人之方向恰好相反，故亦有質疑此等逆向付款之安排影響市場公平交易之秩序[1]。

另一方面，在過去新藥藥商與學名藥藥商間之專利侵權訴訟中，專利權人除了主張專利權侵害以外，同時可能主張學名藥採用之藥品包裝與新藥藥品包裝高度近似，進而尋求以公平法第 22 條[2]及第 25 條[3]等規範作爲法律基礎，主張新藥藥品包裝因高知名度而爲消費者所熟知之著名表徵，學名藥藥商採用

---

[1] FTC v. Actavis, Inc., 570 U.S. 140-41 (2013).

[2] 公平法第22條第1項：「事業就其營業所提供之商品或服務，不得有下列行爲：
一、以著名之他人姓名、商號或公司名稱、商標、商品容器、包裝、外觀或其他顯示他人商品之表徵，於同一或類似之商品，爲相同或近似之使用，致與他人商品混淆，或販賣、運送、輸出或輸入使用該項表徵之商品者。
二、以著名之他人姓名、商號或公司名稱、標章或其他表示他人營業、服務之表徵，於同一或類似之服務爲相同或近似之使用，致與他人營業或服務之設施或活動混淆者。」

[3] 公平法第 25 條：「除本法另有規定者外，事業亦不得爲其他足以影響交易秩序之欺罔或顯失公平之行爲。」

之藥品包裝導致消費者混淆誤認，甚而屬足以影響交易秩序之欺罔或顯失公平之行爲，而影響市場公平交易之秩序。

本章除介紹專利權行使所衍生的公平法議題以外，亦將附帶探討藥品包裝之相關爭議。

一、專利權不當行使

案例

武田公司先前曾經向臺中地方法院（下稱臺中地院）聲請假處分，以其第135500號專利權（下稱500專利），主張健亞公司「皮利酮」單方製劑之Vippar藥品落入該專利，其後臺中地院准予禁止健亞公司自行或委託、授權他人製造、爲販賣之要約、販賣、使用或爲上述目的而進口Vippar藥品。同時，法院並請衛生署暫緩「皮利酮」藥品之審查程序，衛生署因而暫緩辦理健亞公司領證手續。

健亞公司爲此主張，500專利涉及複方製劑，Vippar藥品爲單方製劑，本無從侵害500專利權，雖衛生署已核准健亞公司之藥品，武田公司聲請假處分之行爲，卻仍導致健亞公司無從取得藥證，甚至無法合法販售Vippar藥品；此外，健亞公司是第一家完成「皮利酮」臨床試驗之學名藥藥商，卻因武田公司之行爲，無法順利進入市場取得競爭優勢。由此顯見，武田公司應有透過不公平競爭手段，以維護其市場地位之不法行爲，而應負5,000萬元之損害賠償責任。

武田公司則抗辯，Vippar 藥品不僅落入 500 專利權之範圍，武田公司當時聲請假處分亦是依法爲之，本案訴訟後，健亞公司亦依法聲請撤銷，故僅是行使權利之正當行爲，而無任何不當。

本案一審雖然駁回健亞公司之請求[4]，惟二審翻案採不同見解。詳言之，智慧商業法院認爲，武田公司應清楚知悉 500 專利屬複方專利，且亦知悉 Vippar 藥品屬單方製劑，惟武田公司於文義比對時，竟提出鑑定報告，聲稱 Vippar 藥品落入 500 專利之文義範圍，符合全要件原則，顯在刻意扭曲事實。此外，健亞公司即將取得 Vippar 藥品之際，武田公司竟在同一時刻聲請假處分，導致 Vippar 藥品遲延數年始能上市，在此期間內，武田公司之藥品因卻乏競爭，而獲取額外利益[5]。

雖然武田公司聲稱其假處分之聲請是維權之正當行爲云云，惟司法手段之發動應有相當之證據，而證據應使人確信侵權行爲之存在，否則因該等手段受有損害之人，其損害將無從彌補。武田公司以法律所賦予之程序，故意曲解 Vippar 藥品爲侵權藥品，延後該藥品之上市時間，顯然是利用法律所規定之制度，防堵 Vippar 藥品進入市場，實屬權利濫用，構成足以影響交易秩序之顯失公平行爲[6]。

依據健亞公司所提之專家意見書，Vippar 藥品約四年期

---

4 智慧商業法院 98 年度民公訴字第 6 號民事判決。

5 智慧商業法院 99 年度民公上字第 3 號民事判決。

6 同前註。

間遭延誤上市，可得預期利益之損失金額，應在 1.2 億至 1.56 億之間；而武田公司在該等期間內，所獲得之淨利潤高達 89,660,333 元，此與健亞公司所主張之損害金額 5,000 萬元相去不遠，故法院認爲，健亞公司主張之數額應予准許[7]。此等見解嗣後更經最高法院維持[8]。

二、逆向給付

除了既有法律制度下可能衍生公平法之爭議，在國外落實專利連結制度之過程中，亦衍生另一種型態逆向付款安排，此亦觸動競爭法的神經。

(一) 美國案例

最經典的案例之一，爲美國聯邦貿易委員會（Federal Trade Commission，下稱美國 FTC）與 Solvay、Actavis、Paddock 及 Par 等藥商間之爭議案件，美國最高法院亦於此案中針對逆向付款之議題表示意見。

詳言之，Solvay 爲新藥藥商，擁有其新藥睪固酮凝膠 AndroGel 之專利權，其後學名藥藥商 Actavis（當時爲 Watson Pharmaceuticals）及 Paddock 陸續分別提出 AndroGel 之學名藥查驗登記申請，並爲 P4 聲明，二者主張 Solvay 專利權無效且亦未侵權；嗣後，Par 雖未提出學名藥查驗登記申請，惟與 Paddock 達成協議共同分擔訴訟費用，並以 Paddock 取得藥證

---

[7] 同前註。

[8] 最高法院 101 年度台上字第 235 號民事裁定。

後須共享利益爲條件[9]。

Solvay 一開始對 Actavis 及 Paddock 提起專利侵權訴訟，訴訟中美國藥證主管機關核准 Actavis 之學名藥，惟嗣後所有訴訟當事人達成和解。依該等和解協議，Actavis 同意除非有其他人推出 AndroGel 之學名藥，否則其於 Solvay 專利到期 65 個月前均不自己推出學名藥；Actavis 亦同意共同向泌尿科醫生行銷 AndroGel。Solvay 另同意支付 Paddock 共 1,200 萬美元、Par 共 6,000 萬美元，以及在 9 年內每年支付 Actavis 約 1,900 萬至 3,000 萬美元不等之金額。美國 FTC 認爲，這些公司達成協議在 2015 年前不與 AndroGel 競爭，顯然是透過放棄挑戰 Solvay 專利權，在 9 年內均不推出較爲價廉的學名藥，以分享 Solvay 之獨占利益，此等安排應違反競爭法，故對 Solvay、Actavis、Paddock 及 Par 等藥商提起訴訟[10]。

雖然下級法院一度認爲，逆向付款之安排應屬合法正當，並無競爭法上的疑義[11]。不過，本案上訴至美國最高法院後，最高法院廢棄下級法院之見解，而認爲必須依合理原則（rule of reason）檢驗逆向付款有無構成競爭法之違反，而不得僅以專利權之保護爲由，豁免競爭法上的責任[12]。詳言之，是否違反競爭法，最高法院認爲可以從下列五個方向進行思考：

第一，協議之限制有造成限制競爭效果之可能性：例如新藥藥商透過逆向給付協議避免專利無效或遭不侵權挑戰，其得

---

[9] Actavis, 570 U.S. 144-45.

[10] *Id.*, at 145.

[11] *Id.*, at 146.

[12] *Id.*, at 147.

以持續享有專利排他權，以及超額定價之權利，同時與學名藥藥商瓜分該等利益，此時消費者則成爲受害者；舉例而言，倘若專利權人因其專利排他權，每年得享有 5,000 萬之利益，倘若專利權剩餘十年，而法院於訴訟中認定專利無效或不侵權，此時專利權人所失利益爲 5 億元，消費者更因而得以享受低廉的藥價；不過逆向給付協議可能導致藥價維持，消費者無從享受該等利益，如此龐大規模的付款，即可能清楚證明專利權人希望以共享獨占利益之方式，說服學名藥藥商放棄訴訟[13]。

第二，專利權人無法提出正當化解釋：倘若給付存在其他補償效果，例如專利權人之給付相當於其訴訟成本，或學名藥得以共同促進原廠藥銷售，或可認爲給付具有正當性，惟此仍需視專利權人提出之解釋是否能夠通過合理原則的檢驗[14]。

第三，因逆向付款導致不正當的限制競爭效果，故專利權人得以掌握市場力量：詳言之，新藥藥商不合理之給付規模，應可顯示新藥藥商在訂價上之市場力量，而專利權人即得以維持其市場力量[15]。

第四，證明競爭法之違反，並非相當困難：通常而言，競爭法之違反不需要釐清專利有效性，且鉅額的逆向給付某種程序顯示限制競爭之疑慮，蓋專利權人支付鉅額和解金，很有可能是對於專利有效性並無把握；由此可證，專利權人是爲了維持其超額定價，並避免競爭，此即有違反競爭法[16]。

[13] *Id.*, at 154.

[14] *Id.*, at 156.

[15] *Id.*, at 157.

[16] *Id.*, at 157-58.

第五，其他理由：倘若確有達成逆向給付協議之理由，則應說明該等理由，否則競爭法應禁止該等安排[17]。

美國最高法院隨後將案件發回下級法院審理；不過，2019年2月間，美國FTC宣布與本案新藥藥商及學名藥藥商達成和解，藥商均同意不再簽署逆向給付協議，來阻礙消費者近用低價藥品之權利，並將新藥藥商所享有之利益轉移至學名藥藥商。美國FTC更指出，自美國最高法院作成決定後，市場上即較少出現逆向付款協議[18]。

(二) 我國規範

由上開爭議可見，專利連結制度下，專利權之行使可能衍生競爭法上之爭議，而相關判斷標準正在發展中。

因此，我國落實專利連結制度過程中，即特別規定新藥藥商與學名藥藥商達成任何涉及該等制度之和解協議或其他協議，應於此事實發生後20日內通報衛福部，涉及逆向給付協議者並應另行通報公平交易委員會[19]。衛福部並就此特別訂定

---

[17] *Id.*, at 158.

[18] FTC, *FTC Enters Global Settlement to Resolve Reverse-Payment Charges against Teva*, https://www.ftc.gov/news-events/news/press-releases/2019/02/ftc-enters-global-settlement-resolve-reverse-payment-charges-against-teva (last visited August 21, 2022); FTC, *Last Remaining Defendant Settles FTC Suit that Led to Landmark Supreme Court Ruling on Drug Company "Reverse Payments,"* https://www.ftc.gov/news-events/news/press-releases/2019/02/last-remaining-defendant-settles-ftc-suit-led-landmark-supreme-court-ruling-drug-company-reverse (last visited August 22, 2022).

[19] 藥事法第48條之19第1項：「新藥藥品許可證申請人、新藥藥品許可證所有人、學名藥藥品許可證申請人、學名藥藥品許可證所有人、藥品專利權人或專屬被授權人間，所簽訂之和解協議或其他協議，涉及本章關於藥品之製造、販

西藥專利連結協議通報辦法，釐清通報上的相關細節性及程序性事項。

藉由此等規範，避免藥商間以限制競爭或不公平之協議影響病患近用藥品之權利。不過迄今為止，我國公平會並無相關處分案例，未來是否有會相關案例發生，值得觀察。

三、藥品包裝

除了藥品本身專利權之保護以外，藥商間亦有透過其他智慧財產權在市場上進行角力。例如，近年有藥商主張其藥品包裝為消費者認識其商品之表徵，而學名藥以近似之包裝行銷，構成不公平競爭之行為。

案例

東生華公司為 823 專利之專利權人，並以「諾壓錠」取得衛署藥製字第 046742 號藥證（下稱諾壓錠藥品）。此外，諾壓錠藥品為建立品牌辨識度，鋁箔包裝設計成每片鋁箔片共 14 錠，並迥異於傳統 2 排 ×7 錠之設計，而採用第 1 及第 3 排為 5 錠，中間第 2 排為 4 錠之設計，並設計 4 條橫向摺線，配合醫師處方習慣，亦便利藥師調劑時修剪包裝，同時提醒病患每服用完一片鋁箔片時，即已用藥

賣及銷售專屬期間規定者，雙方當事人應自事實發生之次日起二十日內除通報中央衛生主管機關外，如涉及逆向給付利益協議者，應另行通報公平交易委員會。」

二週。由於諾壓錠藥品上市多年，並獲得臺北生技獎等殊榮，具有相當知名度，自屬高血壓病患認識諾壓錠藥品來源的表徵。此可參下圖所示包裝。

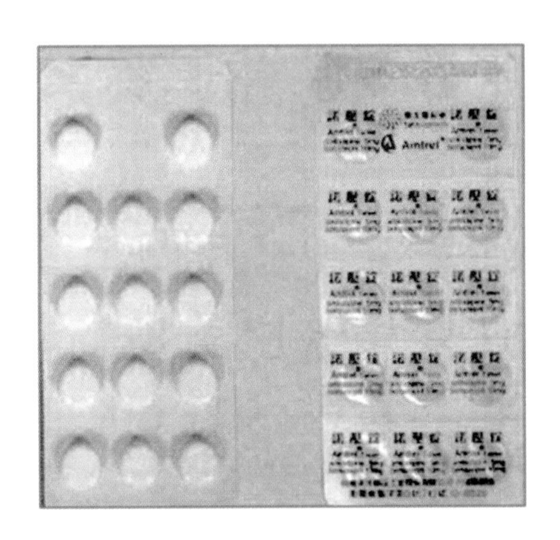

東生華公司認爲，中化公司之可得寧藥品（如下圖所示），不僅侵害 823 專利；可得寧藥品更抄襲諾壓錠藥品之獨特設計，其鋁箔片排列及第 2 排未設置錠劑的位置等均與諾壓錠藥品完全相同，由於二者均爲治療高血壓藥品，如此勢必導致病患誤認藥品來源，故中化公司應已侵害東生華公司之表徵，構成公平法第 22、25 條之違反。

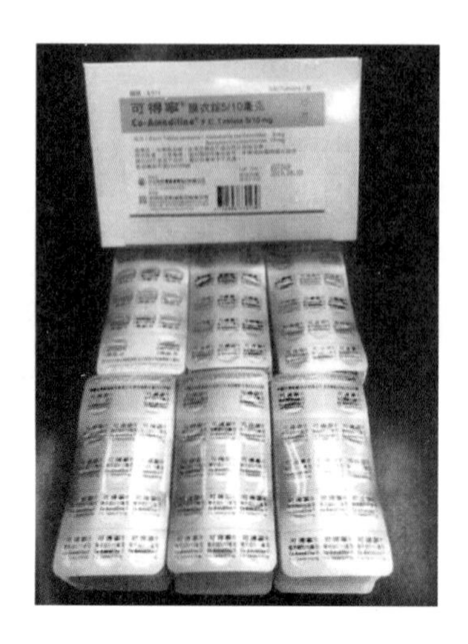

中化公司一方面抗辯其未侵害 823 專利，另一方面亦主張，諾壓錠藥品包裝設計上僅是呈現「5 錠、4 錠、5 錠」之錠劑個數交錯排列，其外觀與一般市售其他藥品包裝相似，不具有獨特性，病患無從以該等包裝識別來源，非屬公平法上所稱之表徵。

該案中，智慧商業法院認定諾壓錠藥品不落入 823 專利之權利範圍後，隨即認定亦無公平法之違反。詳言之，法院認爲，如中化公司主張，「5 錠、4 錠、5 錠」之錠劑個數交錯排列之藥品包裝設計，實屬習見，其並舉下列各種藥品包裝，認爲該等包裝亦爲每片 14 錠，並採「5 錠、4 錠、5 錠」之設計，故諾壓錠藥品包裝應不具備顯著性、獨特性及辨識性，消費者不會將該等包裝設計作爲諾壓錠藥品來源之辨識依據，自非屬公平法所保護之商品「表徵」[20]。

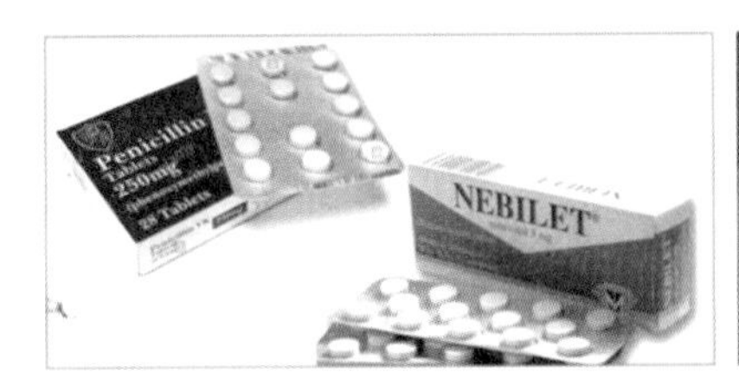

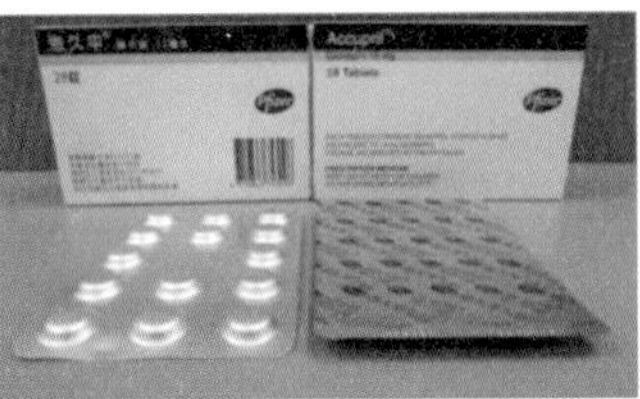

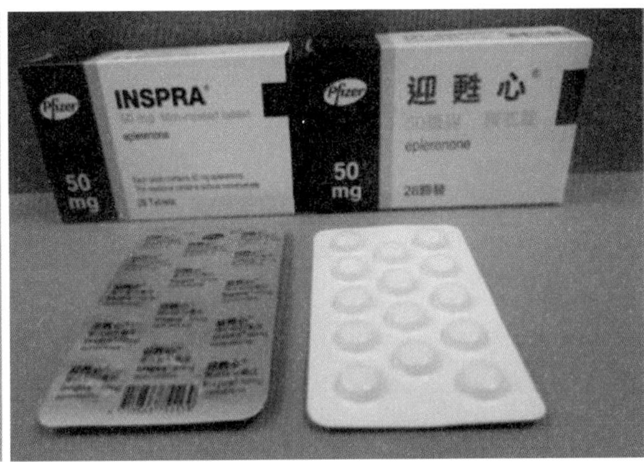

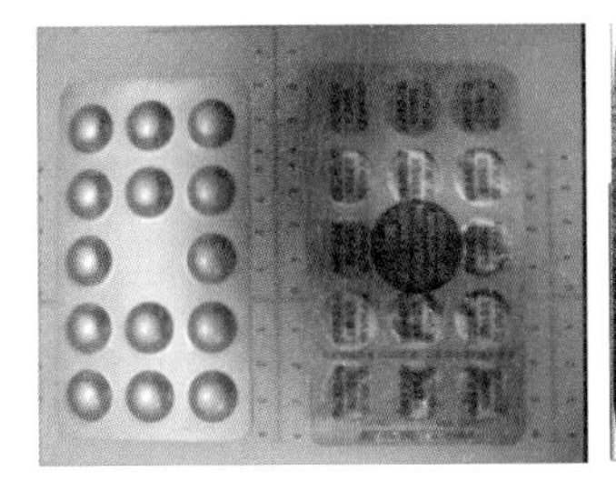

[20] 智慧商業法院106年度民專訴字第84號民事判決。

此外，諾壓錠藥品及可得寧藥品均為處方藥品，需由合格醫師經診斷病患後依各患者症狀開立合適之藥品，藥品選擇之過程皆與藥品包裝設計無涉，病患更無法自行選擇用藥，自無可能因二者藥品包裝投計相似，使病患混淆誤認藥品生產製造商，進而妨害市場競爭狀態[21]。

據此，智慧商業法院因而認為，中化公司並無任何違反公平法第22、25條之規定[22]。東生華公司其後雖提起上訴，惟智慧商業法院上訴審仍維持前開見解[23]。

案例

諾華公司曾主張，其2010年上市之「Exforge易安穩」藥品（下稱易安穩藥品）所採用之產品包裝是其所有之著作。如下圖所示，易安穩藥品包裝（左圖）具有藍、白、橘色塊鋪排特徵，惟生達公司生產之得平壓藥品（右圖）與易安穩藥品採用相同之色塊、排列及呈現方式，且二者均為控制血壓之慢性病用藥，顯然是透過抄襲易安穩藥品包裝，以增加得平壓藥品於消費者心中之印象，並加強其市場上競爭優勢，構成不公平競爭行為。

[21] 同前註。

[22] 同前註。

[23] 同前註。

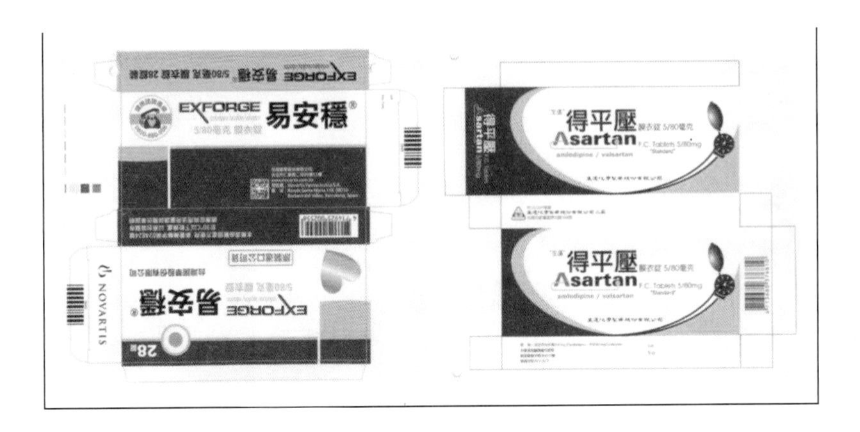

智慧商業法院原先接受上開諾華公司主張，認爲易安穩藥品包裝已達著名程度，諾華公司並投入相當程度之努力，在交易市場擁有一定經濟利益，而生達公司明知消費者極可能因包裝相似錯取或誤用藥品，惟仍於得平壓藥品包裝營造相同的視覺效果，藉以攀附商品外觀及廣告效果，甚而導致消費者誤以爲二者爲同一來源或同一系列之藥品，對交易秩序與市場造成損害，具有商業競爭倫理之可非難性，屬公平法第 25 條所規範之欺罔與顯失公平行爲，因而判決生達公司應給付諾華公司 100 萬元，並停止相關侵權行爲。

不過，嗣後生達公司上訴，最高法院廢棄前開智慧商業法院判決。最高法院認爲，公平法旨在規範市場交易秩序，倘若不影響市場效能或競爭秩序，即無法適用公平法。本案二者藥品均爲醫師處方藥品，因此在公平法之評估上，應分析處方藥品的交易習慣、產業特性、僅得於學術性醫療刊物刊載廣告等情節，釐清相關交易人作成交易決定之因素，其中是否包含藥品包裝，並導致混淆商品之來源，以及受害人數之多寡、造成損害之量及程度。然而，原判決未釐清該等事實即作成判斷，甚至在部分理由中提及二者藥品包裝除了配色外，鋪排、線條、圖形等整體編排、設計之圖案並不相同，如此消費者如何可能錯取或誤用藥品？亦似有所矛盾。因而，最高法院廢棄原判決，發回智慧商業法院再行審理[24]。

智慧商業法院於更審時則認爲，由於醫師處方藥品時是以藥品名稱爲判斷，並非以藥盒外觀爲用藥參考，故藥盒外觀應不會導致開立錯誤藥品。此外，除了配色色塊以外，二者藥品之品名及其呈現、構圖及特色圖案，整體編排、設計之圖案均不相同，外觀上並不類似，因此生達公司應無施用任何不公平競爭行爲，遂駁回諾華公司之請求[25]。

[24] 最高法院107年度台上字第1967號民事判決。
[25] 智慧商業法院108年度民著上更（一）字第2號民事判決。

國家圖書館出版品預行編目資料

醫藥專利訴訟之攻防戰略／林怡芳，蘇佑倫，蔡昀廷作. -- 初版. -- 臺北市 : 五南圖書出版股份有限公司，2023.01
面；　公分
ISBN 978-626-343-705-0（平裝）

1.CST: 專利　2.CST: 訴訟程序

440.633　　111022229

4U31

醫藥專利訴訟之攻防戰略

出 版 者：寰瀛法律事務所
作　　者：林怡芳、蘇佑倫、蔡昀廷
地　　址：106 台北市大安區仁愛路四段 376 號 16 樓之 6
電　　話：（02）2705-8086
網　　址：www.fblaw.com.tw

合作出版：智慧財產培訓學院
地　　址：106 台北市大安區羅斯福路四段 1 號
電　　話：（02）2364-3500
網　　址：www.tipa.org.tw

總 經 銷：五南圖書出版股份有限公司
地　　址：106 台北市大安區和平東路二段 339 號 4 樓
電　　話：（02）2705-5066（代表號）
傳　　眞：（02）2706-6100
劃　　撥：0106895-3
網　　址：www.wunan.com.tw

版　　刷：2023 年 1 月初版一刷
定　　價：480 元